進入馬卡瑞比の美味食光

TRAVEL

		粉類						增加固形物		
白蘭地	荔枝酒	低筋麵粉	烏龍茶粉	抹茶粉	無糖可可粉	黑芝麻粉	黑豆粉	香蕉	桂圓肉	裝飾用食材
		75								
		75								
	15	75								
		75								
		70								
		50					30			
		50				30				
		55			15					巧克力豆 20
		65		10						
		65	10							
15		75							50	
		75						85		核桃 6顆

職人祕訣大公開　本書食譜配方總表（空白配方總表請見P.92）

							液體類					
風味	材料（單位g）	蛋黃（顆）	蛋白（顆）	白砂糖	植物油	檸檬汁	水	全脂鮮奶	伯爵奶茶	咖啡 咖啡酒 蘭姆油	芒果泥	覆盆莓果泥
改變液體	香草牛奶	3	4	38	40	3		60				
改變液體	伯爵奶茶	3	4	38	40	3			60			
改變液體	荔枝覆盆莓	3	4	38	40	3						60
改變液體	芒果	3	4	38	40	3	20				60	
改變液體	咖啡	3	4	38	40	3				60		
改變粉類	黑豆粉	3	4	38	40	3		60				
改變粉類	黑芝麻	3	4	38	40	3		60				
改變粉類	巧克力	3	5	38	40	3	30	30				
改變粉類	抹茶	3	4	38	40	3	65					
改變粉類	烏龍茶	3	4	38	40	3	65					
增加固形物	桂圓	3	4	38	40	3		50				
增加固形物	香蕉	3	4	38	40	3		20				

MEMO

POST CARD

馬卡瑞比自步調快速的金融業，
轉入夢想中的事業——甜點烘焙，
甜點職人馬卡瑞比始終堅持，
只要從基礎功練起，
不斷地實驗、操作，
一定能夠作出融進人心坎裡的暖心甜點！
而踏遍各國的旅行回憶，
就是她製作甜點的創意＆靈感來源。

手作生活 06

Sweet Memory ！
旅行 × 烘焙
馬卡瑞比の甜蜜食光

作者／馬卡瑞比
定價／ 350 元

收錄12道最有特色的美味甜點實作教學，等你來挖寶！
伯爵茶餅乾・瑪德蓮小蛋糕・免揉麵包
雪球・佛卡夏・小天使白麵包・拉可雷特
寒天・虹吸式咖啡・戚風蛋糕・焦糖塔・Trifle

馬卡瑞比 自在風格

Macarabbit Chiffon Cake

會呼吸的戚風蛋糕

職人嚴選．天然原味．鬆軟輕甜．植物油使用

馬卡瑞比◎著

Macarabbit Chiffon Cake

甜點的世界給人的直覺是精美細緻，
戚風蛋糕不是！
手殘也能作蛋糕，
雖然醜醜的但看久了也有樸實的美。
好吃是一定的，沒有複雜的材料，
風味單純且糖分低，甚至當早餐都可以。

製作戚風蛋糕只有一個祕訣，就是放鬆！
如果趕時間，急躁或緊張，便容易攪拌過度，
蛋糕體口感就無法濕潤蓬鬆，
所以我一直對戚風蛋糕情有獨鍾，
它永遠在提醒我放慢、放鬆。

容易緊張躁動的心，
似乎可以透過製作戚風蛋糕來進行治療。

父母永遠不知道孩子將來會長成如何，
或是走什麼樣的路，
但是投入耐心與細心和陪伴，
至少歪掉的機率較低吧？

製作戚風蛋糕好像養育小孩，
同樣的父母所生養出來的兄弟姊妹，長相個性都各有所異，
我們也很難控制每個戚風蛋糕會長得一樣，
但只要內在質地是好的，烘焙過程中，
頭頂發成什麼模樣也無須太過在意——
有了這樣的信念，就能放鬆心情自在製作，
產出的成品自然不會差到哪兒。

我可以，
你，一定也可以。　馬卡瑞比

最是真材實料的，

才能這樣坦然，如此自在。

The history and origin of Chiffon Cake

戚風蛋糕的歷史與由來

矇著眼，輕柔如絲綢般的觸感，在舌尖，是的，它是戚風蛋糕。戚風蛋糕（Chiffon cake），是音譯，也是意譯。Chiffon是絲綢般的意思，就如同它的口感。

初嘗，以為它具有日系血統，但原來發明者是個美國人呢！印象中，美國口味的甜點都是厚重扎實，不過這款可完全顛覆了刻板印象。

Harry Baker，戚風蛋糕的發明者，原是個金融保險業務人員，也許因為對工作厭倦、對生活感到乏味？……我們已不得而知，只知道他為了讓生活有個「全新的開始」，所以放棄了原有的職業，獨自到了五光十色的好萊塢，全心投入烘焙新事業。不依循傳統，不作這個世界原有的甜點品項，而是一頭栽入創作的領域。他要開發比天使蛋糕更濕潤、更濃郁的口感與風味的蛋糕，據說非常努力地嘗試了數百種的不同配方，但沒有一個令自己滿意。直到有一次，突發奇想，捨棄傳統蛋糕中加入奶油的配方，改由植物油代替，就這樣，戚風蛋糕誕生了，這一年是1927年！

Harry Baker總在自宅廚房中進行實驗、調整與創新，然後將成品分送鄰居試吃（我堅信，每個成功烘焙者的背後，都有一群強大的試吃家人與朋友支持），經過一年的研究，他拎著作品走入好萊塢有名的餐廳Brown Derby，發揮了他原本具備的金融業銷售技巧，成功地讓作品在餐廳裡上架，「人生每段過去都與現在無法切割」在此得證！

Brown Derby餐廳在好萊塢可威風了，除了地利之便，供應的餐點當然也具一定水準或創新度（美國傳統沙拉Cobb salad就是在此誕生），主演《亂世佳人》的影星克拉克蓋博，據說是在此向其第三任妻子求婚的，而美國史上首位八卦專欄作家Louella Parsons與其同行對頭Hedda Hopper也都是這裡的常客，顯然Harry Baker非常會挑選他的產品上架配合廠商，這或許也是戚風蛋糕當時橫掃甜點界的原因之一。

Harry Baker總是自己處理蛋糕製作的所有細節，攪拌麵糊與烘烤蛋糕，樣樣親力親為，為的就是保護祕方不外流。在巔峰時期，據說他每天花上十幾個小時製作蛋糕，以消化大量訂單，一人工廠的生產方式逐漸無法負荷，此因此促成了他將祕方出售給美國食品大廠General Mill旗下Betty Crocker品牌。食品大廠當然在行銷上更具專業，Chiffon Cake的名字就是他們所取的，副標則是「百年來的新蛋糕」，於是，戚風蛋糕，開始席捲美國，加上有著好萊塢名人的加持，一下子就蔚為風潮了！

這麼有故事的蛋糕，是不是也讓你想要親手作作看？

單純的幾種食材就能創造出輕柔無負擔的甜點，不僅有著精彩的歷史，也符合現代人不喜歡油膩厚重的養生需求，所以它不褪流行，始終在甜點界有著一席之地。捲起袖子，我們一起來作（吃？）吧！

Contents

附錄：

Vanilla Chiffon Cake

MACARABBIT CHIFFON CAKE

香草牛奶戚風蛋糕

在風味上，這一款可說是經典不敗。
吃遍各種口味，偶爾還是會想起單純的美好。

另一方面，若想製作豐富一點的夾餡蛋糕，
以此款為基底，
也能確保蛋糕整體滋味豐富卻不過於混雜。

在操作上，這一款蛋糕將會帶著你練習基本功，
只要熟悉這一款蛋糕的製作，
本書中其他的風味蛋糕也能輕易上手，
日後相信你也可以信手拈來，
自行變化出各種口味！

材料

- 蛋黃：3顆
- 葡萄籽油：40公克
- 低筋麵粉：75公克
- 香草莢：¼支
- 全脂鮮奶：60公克
- 蛋白：4顆
- 檸檬汁：3公克
- 白砂糖：38公克
  （分成兩部分：
  蛋黃使用8公克，蛋白使用30公克）

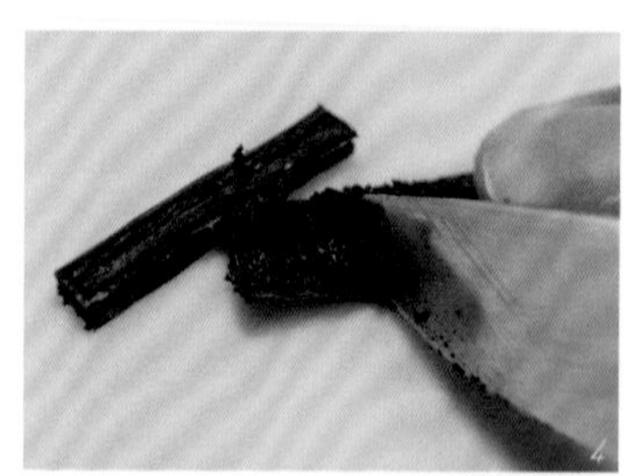

準備工作

1. 將全蛋打入乾燥潔淨的碗中，取一只圓周略大於蛋黃的湯匙，將蛋黃撈出，須注意蛋白部分不可沾到蛋黃，以免無法打發。
2. 將蛋白置入冰箱冷凍區。
3. 秤妥上述所有材料。
4. 取一把前端尖銳的刀具，將香草莢剖開並以刀具尖銳之處將其中的香草籽刮出（參見P.79），放入蛋黃中。

戚風蛋糕基礎作法

製作蛋黃糊

1. 將蛋黃與8公克的白砂糖混合，以手持球型打蛋器攪打至顏色稍微變白且質地略呈濃稠狀態。

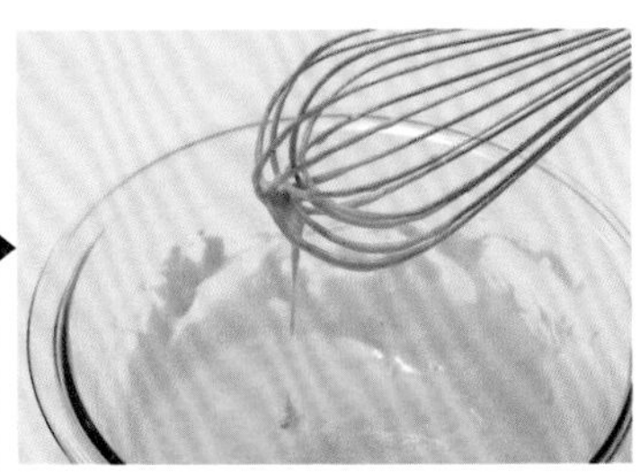

◆請留意攪打前後蛋黃顏色深淺不同的情況。

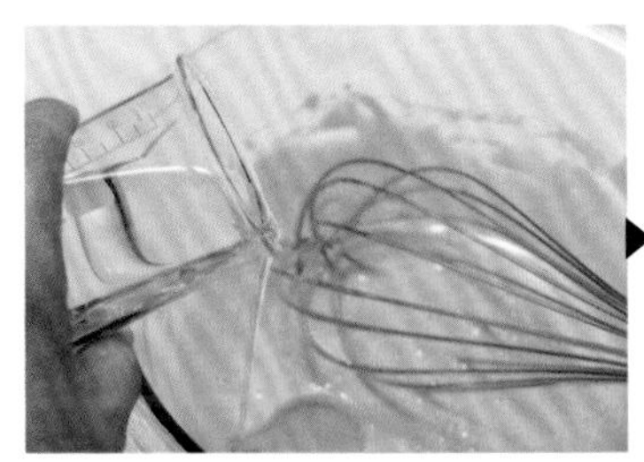

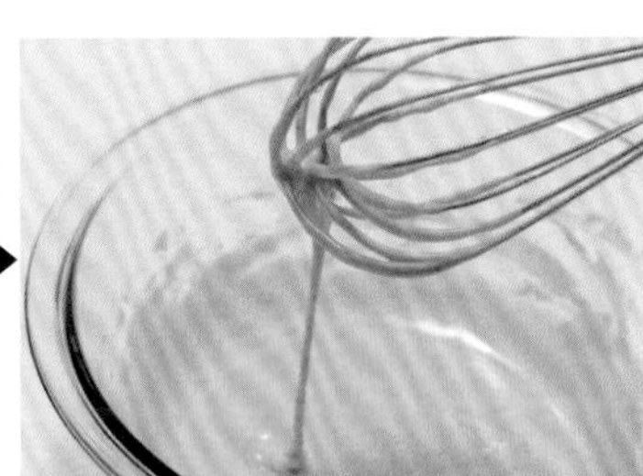

2. 將40公克的葡萄籽油分多次慢慢加入步驟*1*的蛋黃液中，每次加入均以手持打蛋器不斷攪拌，直到質地均勻且呈美乃滋狀態。

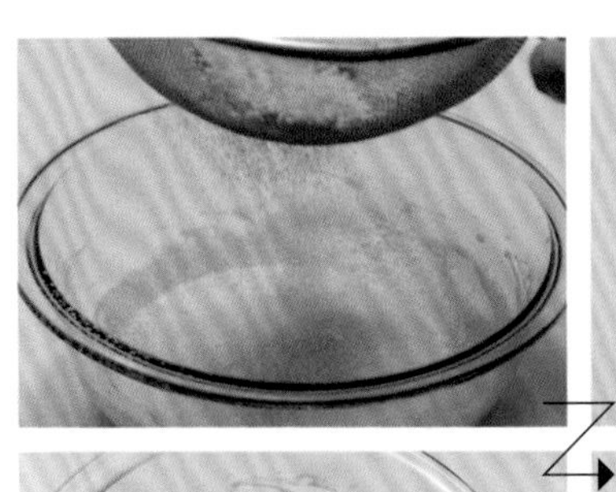

3. 將低筋麵粉分兩次過篩加入蛋黃液中，全脂鮮奶亦分兩次倒入，以手持打蛋器迅速但輕柔地混合麵糊，直到麵糊毫無粉粒狀態，置於一旁備用。

製作蛋白霜

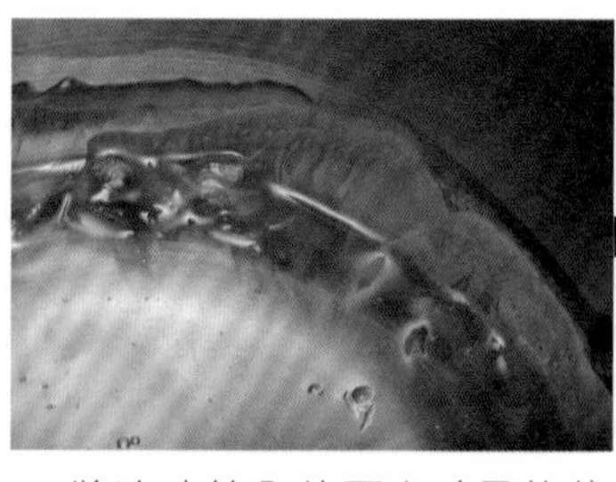

4. 將冷凍箱內的蛋白（最佳狀態為邊邊部分有略為結凍的情況）取出，以手持電動打蛋器低速攪打，直到出現大型泡泡時（約30秒），將30公克糖的⅓（目視即可，不需要十分精準）及3公克的檸檬汁加入。

5. 繼續攪打並將速度調至中速，直到狀態自液體逐漸轉為固體，且呈現雪白顏色，此時再將剩餘白糖的一半加入（此段動作耗時約3分鐘）。

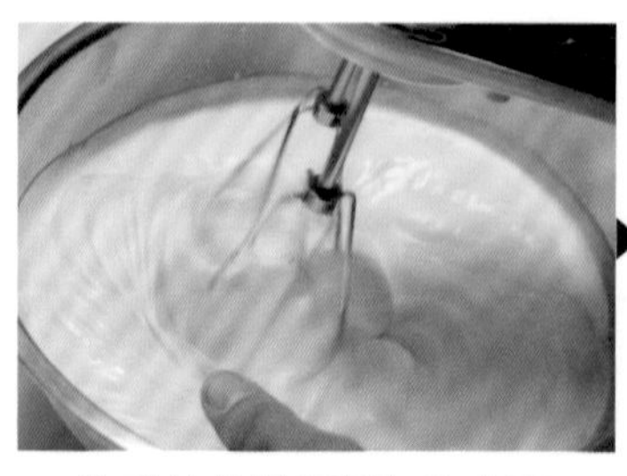
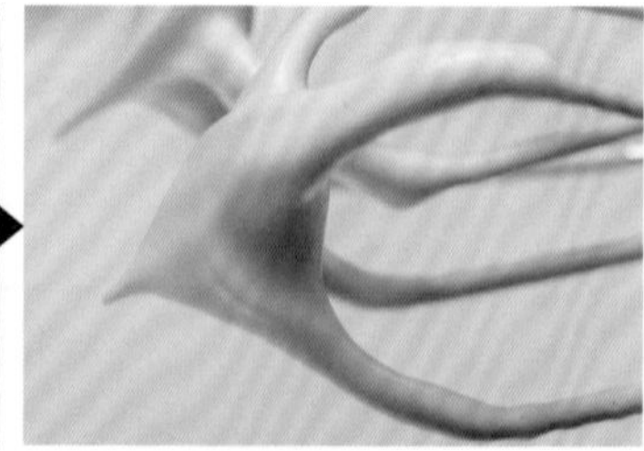
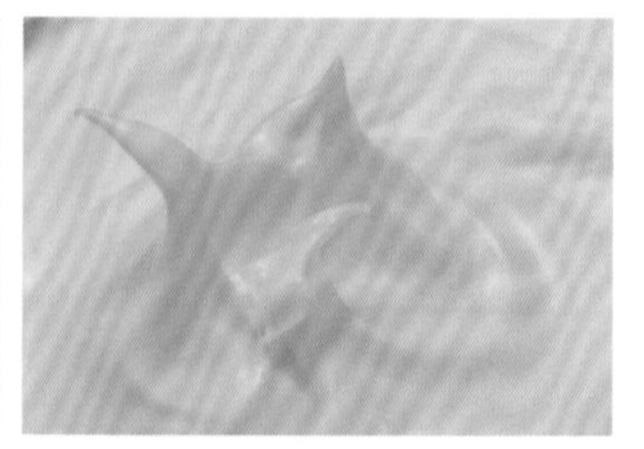

6. 將剩餘的糖緩緩加入步驟5，並將速度調高至中高速持續攪打。此時將發現蛋白霜狀態愈來愈堅硬，且攪打出的漩渦逐漸明顯，直到以攪拌器舀起時呈現倒鉤鳥嘴狀態就停止（此過程約2分鐘）。

小叮嚀：

打發蛋白霜的分鐘數僅供參考。

1. 倘若蛋白冷凍的時間愈久，則打發所需時間也將拉長。
2. 電動打蛋器的轉速愈快，打發所需的時間則愈短。
3. 愈快打發蛋白並不一定可以得到狀態好的蛋白霜，以慢速開始緩緩升速，將較容易獲取質地良好的蛋白霜。

混合蛋黃糊和蛋白霜

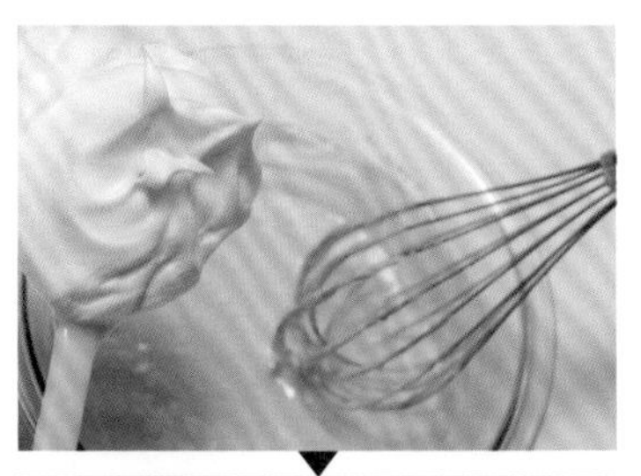

7. 將步驟6攪打好的蛋白霜先取一半加入步驟3的蛋黃麵糊中，以手持打蛋器將兩者大致混和。

◆蛋白霜＆蛋黃麵糊無須完全混合均勻。

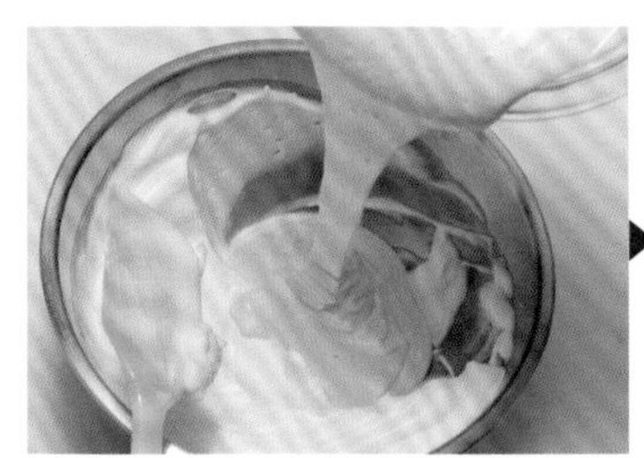

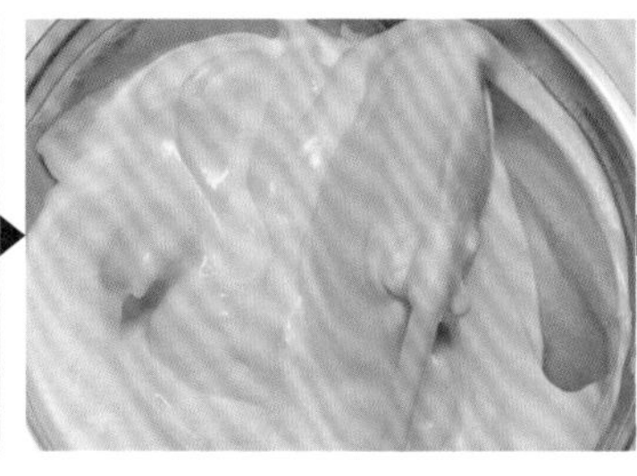

8. 將步驟7大致混和好的麵糊加入剩下的蛋白霜中，取一刮刀，將麵糊自容器底部翻拌上來，如此多次反覆，直到兩者完全融合為止。

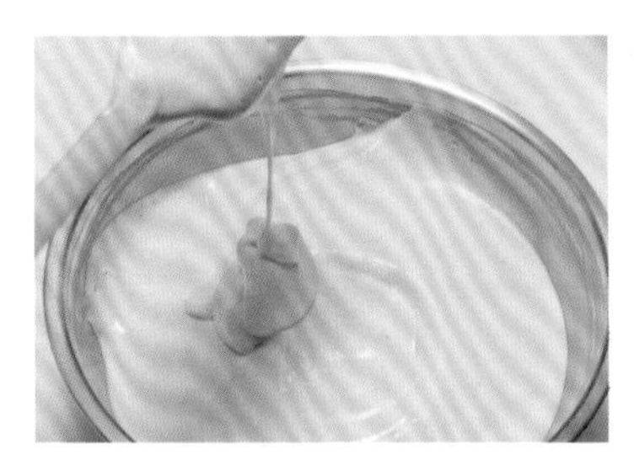

◆須留意完成的狀態應是稍微具有澎澎感的麵糊，流動性並不高。

入模 & 烘烤

9. 將步驟8拌勻的麵糊倒入戚風蛋糕專用的中空模具中（七分滿，保持麵糊烘焙時「長大」的空間），再以單枝筷子，以畫圈圈的方式在麵糊中繞行一圈，確保麵糊平整入模，最後送入已預熱至170℃的烤箱中烘烤15分鐘，再降至160℃烘烤18分鐘。

出爐 & 冷卻

10. 出爐後立刻將模具倒扣於酒瓶上（空酒瓶中盛裝七分滿的水，以免容易傾倒）。待蛋糕體完全冷卻後（至少3小時），才能進行脫模。

脫模

11. 取一只金屬材質的戚風蛋糕專用脫模刀，一手握住中空管，一手順著蛋糕模外圈，採盡量貼近外側的方式畫一圈。

12. 與步驟11的方式相同，在模具內圈畫一圈。

13. 握住中空管，將仍連著底座的蛋糕體取出。

14. 以脫模刀在底部水平切割後，將蛋糕倒扣即可取出。

香草莢的處理方法與其他使用方式

在甜點世界裡，我們似乎總把香草口味稱為「原味」，像這裡的香草牛奶戚風蛋糕，很常被人稱為「原味」戚風蛋糕，殊不知，這似有若無卻又內斂沉穩的風味，其實蘊含了豐厚的功夫。

當然，前提必須是運用真正的香草莢，而非人工香料！

取一把前端具有尖銳狀態的刀具，將香草莢剖開，並以尖銳處將香草籽刮出，即可使用。剩下的部分千萬不要丟棄，可放入糖罐中，三不五時搖晃一下，加入咖啡、紅茶或奶茶等飲品內，風味頓時大大提升喔！

Oxford
Circus
Green
St.
West

伯爵奶茶戚風蛋糕

伯爵奶茶風味是馬卡瑞比作的第一個戚風蛋糕，
是喚起初心的香氣，
於是在年始年末，
都會以它來振奮自己。

搭配加入白蘭地的鮮奶油，
整個氛圍都優雅了起來，
假裝自己身處倫敦享用下午茶吧！

材料

- 蛋黃：3顆
- 葡萄籽油：40公克
- 低筋麵粉：75公克
- 伯爵奶茶：60公克
- 蛋白：4顆
- 檸檬汁：3公克
- 白砂糖：38公克
  （分成兩部分：蛋黃使用8公克，蛋白使用30公克）

Point

茶包或茶葉？

在此建議使用茶包。細碎的茶葉，較易迅速萃取，有利於風味釋放。

加熱容器的選擇

選擇可以直接加熱的小型容器，推薦使用容量僅 100ml 的土耳其咖啡壺，茶葉在少量的水中與妥適的空間內得以迅速伸展，這一小盅的濃郁奶茶，決定了整個蛋糕體的香氣。

製作提要

製作上與香草牛奶戚風蛋糕（參見P.12）相同，只是將全脂鮮奶改由伯爵奶茶替代。

1. 蛋黃與白砂糖混合並打至顏色發白呈濃稠狀態後，將葡萄籽油分次慢慢倒入，以手持打蛋器不斷攪拌，直到質地均勻且呈美奶滋狀態。
2. 低筋麵粉分兩次過篩加入蛋黃液中，伯爵奶茶亦分兩次倒入，以手持打蛋器迅速且輕柔地混合麵糊。
3. 蛋白霜製作完成後（參見P.14），取一半加入步驟2的麵糊中，以手持打蛋器大致混合。
4. 將步驟3的麵糊加入剩下的蛋白霜中，以刮刀自容器底部翻拌上來，反覆多次至完全融合。
5. 將步驟4的麵糊入模後，放入已預熱至170℃的烤箱中烤15分鐘，再降至160℃烤18分鐘。出爐後倒扣冷卻，脫模後即完成。

伯爵奶茶的處理方式

1. 將茶包剪開，取出茶葉置入可直接加熱的容器中，並倒入20公克沸騰的水，加蓋燜蒸4分鐘。

2. 在燜蒸完成的濃縮茶湯中倒入全脂鮮奶65公克，繼續加熱，直到接近沸騰狀態。

3. 將茶葉濾掉，取60公克奶茶液，置於一旁備用。

搭配鮮奶油：白蘭地鮮奶油

材料

- 鮮奶油：120公克
- 白砂糖：7公克
- 白蘭地：6公克

（製作方法請參見P.84）

食安問題不是現在才有！

英國人飲茶風味由綠轉紅，到底為哪樁？

原來英國人本來也喝綠茶！
1851年在倫敦舉行的萬國博覽會裡，
展示著植物獵人羅伯福鈞（Robert Fortune）在中國發現的驚人祕密！

福鈞在1848年接受東印度公司委託，
前去中國竊取茶樹與種子，
同時將這些斬獲運送至加爾各答，
並進一步運送至喜馬拉雅山。

銜命前往中國的福鈞，不只在茶葉產區跋涉，
同時也在茶葉加工廠裡查訪。途中他意外發現，
當時的茶廠工人將普魯士藍與黃色石膏色素加入茶葉中，
使得茶湯顏色更美，雖然含量不至於對人體健康有立即的傷害，
不過在1851年倫敦萬國博覽會揭露此一訊息之後，
多少影響了英國人的飲茶偏好，
投紅茶而棄綠茶的品味遂逐漸形成，
或許也更加堅定英國人打算自己掌握茶葉栽種與製作的野心，
自中國竊取茶苗，
在殖民地印度栽種的計畫自此如火如荼地展開……

荔枝覆盆莓戚風蛋糕

口裡嘗著酸甜滋味，
眼睛則觀賞著色彩飽和的果實，
歐洲的夏天就是這點吸引人啊！

拜急速冷凍技術之賜，即使不在歐洲，
我們也能享有新鮮的覆盆莓果實。

將新鮮果泥混入荔枝酒後，加入戚風蛋糕體，
再來上一抹荔枝覆盆莓鮮奶油——
歐洲夏天的風情，
好像也能在我們的夏日生活中上映呢！
（只是，可能還需要開個冷氣吧！）

材料

- 蛋黃：3顆
- 葡萄籽油：40公克
- 低筋麵粉：75公克
- 覆盆莓果泥：60公克
- 荔枝酒：15公克
- 蛋白：4顆
- 檸檬汁：3公克
- 白砂糖：38公克
  （分成兩部分：蛋黃使用8公克，蛋白使用30公克）

Point

冷凍覆盆莓果泥與荔枝酒

市售冷凍覆盆莓果泥有不少品牌可選擇，不過幾乎是大同小異；荔枝酒常見的除了 MB 香甜酒之外，DITA 也很容易取得，兩種香氣略有差異，可以試飲之後再做決定。

搭配鮮奶油：荔枝覆盆莓鮮奶油

材料

- 鮮奶油：100公克
- 白砂糖：6公克
- 覆盆莓果泥：40公克
- 荔枝酒：7公克

製作方式

當鮮奶油（打發鮮奶油的方法參見P.84）打發至個人喜歡的濃稠度時，將覆盆莓果泥與荔枝酒混合液加入，再以攪拌器稍微打個幾秒鐘，待果泥與鮮奶油充分混勻即完成。

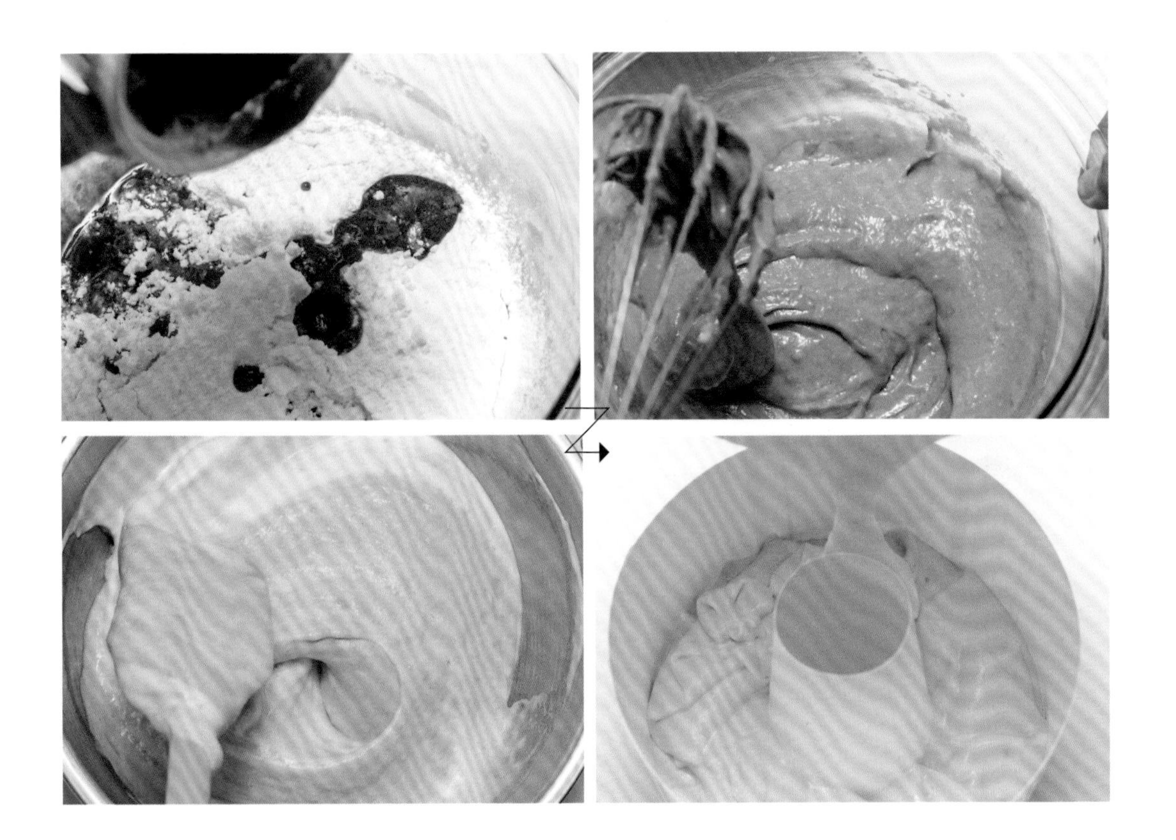

製作提要

製作上與香草牛奶戚風蛋糕（參見P.12）相同，只是將全脂鮮奶改由覆盆莓果泥加荔枝酒調勻替代。

1. 蛋黃與白砂糖混合並打至顏色發白呈濃稠狀態後，將葡萄籽油分次慢慢倒入，以手持打蛋器不斷攪拌，直到質地均勻且呈美奶滋狀態。
2. 低筋麵粉分兩次過篩加入蛋黃液中，且分兩次倒入已調勻的覆盆莓果泥和荔枝酒，以手持打蛋器迅速且輕柔地混合麵糊。
3. 蛋白霜製作完成後（參見P.14），取一半加入步驟2的麵糊中，以手持打蛋器大致混合。
4. 將步驟3的麵糊加入剩下的蛋白霜中，以刮刀自容器底部翻拌上來，反覆多次至完全融合。
5. 將步驟4的麵糊入模後，放入已預熱至170℃的烤箱中烤15分鐘，再降至160℃烤18分鐘。出爐後倒扣冷卻，脫模後即完成。

Mango Chiffon Cake

芒果戚風蛋糕

使用新鮮芒果打成泥，
或購買市售冷凍果泥混入蛋糕體中，
只有微微的香氣透出，
不過淡淡的黃色在夏天看了十分舒爽，
搭配鵝黃色的芒果鮮奶油，
風味就能即刻跳出，
在不喜厚重油膩的夏季尤其受到歡迎。

材料

- 蛋黃：3顆
- 葡萄籽油：40公克
- 低筋麵粉：75公克
- 芒果泥：60公克
- 水：20公克
- 蛋白：4顆
- 檸檬汁：3公克
- 白砂糖：38公克
（分成兩部分：蛋黃使用8公克，蛋白使用30公克）

芒果泥

芒果品種甚多，可任意選擇自己喜歡的新鮮芒果打成泥，也可直接購買市售的冷凍芒果泥。

搭配鮮奶油：芒果鮮奶油

材料

- 鮮奶油：100公克
- 白砂糖：6公克
- 芒果泥：40公克

製作方式

當鮮奶油（打發鮮奶油的方法參見P.84）打發至個人喜歡的濃稠度時，將芒果泥加入，再以攪拌器稍微打個幾秒鐘，待果泥與鮮奶油充分混勻即完成。

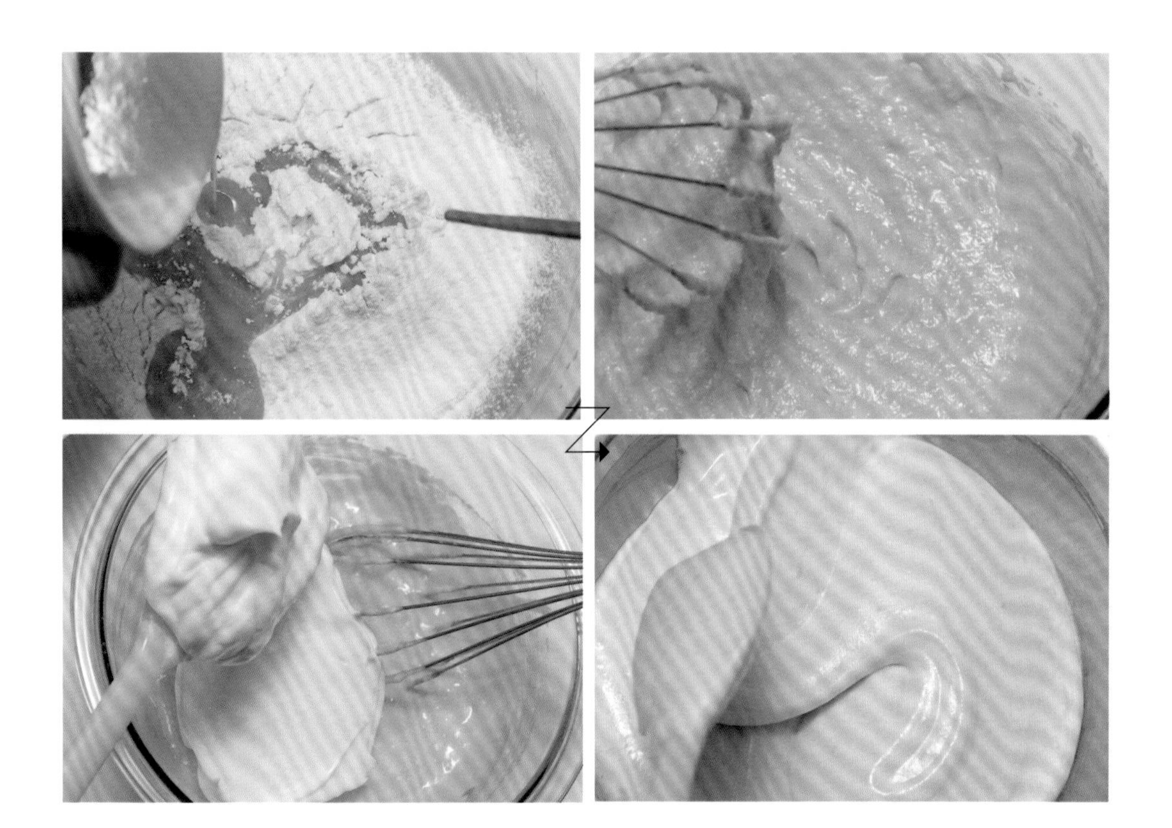

製作提要

製作上與香草牛奶戚風蛋糕（參見P.12）相同，只是將全脂鮮奶改由芒果泥加水調勻替代。

1. 蛋黃與白砂糖混合並打至顏色發白呈濃稠狀態後，將葡萄籽油分次慢慢倒入，以手持打蛋器不斷攪拌，直到質地均勻且呈美奶滋狀態。
2. 低筋麵粉分兩次過篩加入蛋黃液中，調勻的芒果泥和水也分兩次倒入，以手持打蛋器迅速且輕柔地混合麵糊。
3. 蛋白霜製作完成後（參見P.14），取一半加入步驟2的麵糊中，以手持打蛋器大致混合。
4. 將步驟3的麵糊加入剩下的蛋白霜中，以刮刀自容器底部翻拌上來，反覆多次至完全融合。
5. 將步驟4的麵糊入模後，放入已預熱至170℃的烤箱中烤15分鐘，再降至160℃烤18分鐘。出爐後倒扣冷卻，脫模後即完成。

Coffee Chiffon Cake

咖啡戚風蛋糕

咖啡風味的戚風蛋糕，
是造訪尼加拉瓜後的旅行產物。
一位客人前往尼國擔任志工，
貼心地為我安排了一場甜點教學義賣活動，
讓我有了冠冕堂皇的理由前去玩耍。

這遙遠的邦交國讓我的好奇心釋出，
但客人不斷警告我小心財務注意安全，
加上周遭淨是聽不懂的西語，也讓腎上腺素飆升。
全新的一切總令人興奮雀躍又緊張，
每一刻新的體驗也預告了離歸途愈來愈近，
正因如此，想要紀錄當下的渴望也愈發強烈。

影像或聲音可以存檔，
但意圖封存旅途中的每一個悸動才是最根本的欲望。
熱情的志工帶著我遊歷以咖啡聞名的北部山城Matagalpa，
回國前一晚則有代表中南美洲的蘭姆酒餞別⋯⋯
氣味，是最原始的，
有了氣味，腦中就能滿布畫面，
於是我以氣味封存悸動，
把所有旅行回憶揉合在咖啡風味的戚風蛋糕裡。

材料

- 蛋黃：3顆
- 葡萄籽油：40公克
- 低筋麵粉：70公克
- 濃縮咖啡：40公克
- 咖啡酒：10公克
- 蘭姆酒：10公克
- 蛋白：4顆
- 檸檬汁：3公克
- 白砂糖：38公克
  （分成兩部分：蛋黃使用8公克，蛋白使用30公克）

Point

濃縮咖啡、咖啡酒與蘭姆酒

濃縮咖啡：如果家中有義式咖啡機，可選擇一鍵萃取，
當然也能使用傳統的義式咖啡壺，將它置放在火源上等待噴發；
或者直接到巷口買一杯吧！
咖啡酒：我的慣用品牌是「卡魯哇酒（Kahlua）」。
蘭姆酒：我的慣用品牌是「哈瓦那（Havana Club）」。

搭配鮮奶油：咖啡鮮奶油

材料

- 鮮奶油：120公克
- 白砂糖：6公克
- 咖啡酒：7公克

製作方式

以慢速攪打鮮奶油，待出現泡泡時，將白砂糖與咖啡酒加入，再轉至中速持續攪打，打到個人喜歡的濃稠度即完成（打發鮮奶油的方法參見P.84）。

推薦飲品：美酒加咖啡

材料

- 熱呼呼剛煮好的咖啡：100公克
- 蘭姆酒：10公克（如果不喜歡酒味太濃，
  可改成咖啡酒或咖啡奶酒）
- 全脂鮮奶：20公克

製作方式

將材料全部融合一起，非常適合天冷時飲用。夏天可改以冰咖啡作為基底，享受成熟的大人風味飲品。

製作提要

製作上與香草牛奶戚風蛋糕（參見P.12）相同，只是將全脂鮮奶改以濃縮咖啡、咖啡酒與蘭姆酒三種混合液替代。

1. 蛋黃與白砂糖混合並打至顏色發白呈濃稠狀態後，將葡萄籽油分次慢慢倒入，以手持打蛋器不斷攪拌，直到質地均勻且呈美奶滋狀態。
2. 低筋麵粉分兩次過篩加入蛋黃液中，並分兩次倒入已調勻的濃縮咖啡、咖啡酒與蘭姆酒，以手持打蛋器迅速且輕柔地混合麵糊。
3. 蛋白霜製作完成後（參見P.14），取一半加入步驟2的麵糊中，以手持打蛋器大致混合。
4. 將步驟3的麵糊加入剩下的蛋白霜中，以刮刀自容器底部翻拌上來，反覆多次至完全融合。
5. 將步驟4的麵糊入模後，放入已預熱至170℃的烤箱中烤15分鐘，再降至160℃烤18分鐘。出爐後倒扣冷卻，脫模後即完成。

Longan Chiffon Cake

桂圓戚風蛋糕

以龍眼木煙燻處理桂圓的古法費工辛苦；
產季在盛夏，焙火卻須維持幾天不斷，
炎炎夏日輪班顧火不能好眠，
使得近年來堅持遵循古法處理的桂圓數量減少，
價格也因此不斐。
經營小店幾年下來，
桂圓肉的價格不斷攀升，很是苦惱。

某日，正為遍尋不著質優且價格合理的桂圓肉所苦時，
恰巧朋友來訪給了一小包東西，
說是自家栽種、烘焙的。
拆開包裝，遇見圓滾可愛的帶殼桂圓，
毫不客氣地立刻剝開享用。
豐滿厚實的果肉，
滿載著煙燻的香氣，
在口中噴發後久久不能散去。

友人說，兒時在龍眼樹附近玩耍，
遇到產季就能隨手摘來吃，因為沒有農藥所以可以如此⋯⋯
踏破鐵鞋無覓處，得來全不費工夫，就是這樣吧！

材料

- 蛋黃：3顆
- 葡萄籽油：40公克
- 低筋麵粉：75公克
- 全脂鮮奶：50公克
- 白蘭地：15公克
- 手工柴燒桂圓肉：50公克（浸泡過白蘭地兩週以上）
- 蛋白：4顆
- 檸檬汁：3公克
- 白砂糖：38公克

（分成兩部分：蛋黃使用8公克，蛋白使用30公克）

Point

手工柴燒桂圓

市售剝殼去籽處理好的桂圓肉琳瑯滿目，但以手工柴燒的桂圓最佳。手工柴燒的桂圓具有一股龍眼木煙燻過的特殊氣味，是成就蛋糕體風味的精髓，請務必選擇手工柴燒的桂圓，並將之浸泡在白蘭地中兩週以上再使用（以酒完全淹過桂圓為佳），那絕妙的風味， 絕非一般電烤箱烘烤的桂圓可以比擬。

準備工作

將桂圓肉撕成小片，以利其在蛋糕體內分布均勻，也可避免在烘烤時都沉入蛋糕底部。

搭配鮮奶油：白蘭地鮮奶油

材料

- 鮮奶油：120公克
- 白砂糖：7公克
- 白蘭地：6公克

（製作方法請參見P.84）

製作提要

製作上與香草牛奶戚風蛋糕（參見P.12）相同，只是兩處需要變更：

Ⓐ液體部分改變：液體部分改為全脂鮮奶50公克加上白蘭地15公克。

Ⓑ增加固形物：取50公克浸泡過白蘭地的桂圓肉，切成細碎狀態，於蛋黃麵糊與蛋白霜混合時加入。

1. 蛋黃與白砂糖混合並打至顏色發白呈濃稠狀態後，將葡萄籽油分次慢慢倒入，以手持打蛋器不斷攪拌，直到質地均勻且呈美奶滋狀態。
2. 低筋麵粉分兩次過篩加入蛋黃液中，並分兩次倒入已調勻的全脂鮮奶＋白蘭地，以手持打蛋器迅速且輕柔地混合麵糊。將處理好的柴燒桂圓肉加入蛋黃麵糊中，以手持打蛋器稍微攪拌。
3. 蛋白霜製作完成後（參見P.14），取一半加入步驟2的麵糊中，以手持打蛋器大致混合。
4. 將步驟3的麵糊加入剩下的蛋白霜中，以刮刀自容器底部翻拌上來，反覆多次至完全融合。
5. 將步驟4的麵糊入模後，放入已預熱至170℃的烤箱中烤15分鐘，再降至160℃烤18分鐘。出爐後倒扣冷卻，脫模後即完成。

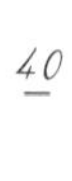

桂圓戚風蛋糕的好朋友

煙燻伯爵茶

我們印象中的伯爵茶，是清爽帶有佛手柑香氣的，
不過早期英國傳統的伯爵茶可不是如此。

以正山小種紅茶為基底再混入佛手柑香氣的伯爵茶，
才是正宗傳統的風味。
而正山小種紅茶的製程，
就是透過松木煙燻而產生特殊香氣，
這種厚實沉穩的香氣與桂圓的香氣十分接近，
不是年輕帥氣的伯爵，
而是愈年長卻愈能散發出成熟智慧的老伯爵，
搭配著帶點白蘭地風味的桂圓戚風蛋糕，
可說是強者遇強，十分過癮！

MACARABBIT CHIFFON CAKE

Banana Chiffon Cake

香蕉戚風蛋糕

好友詢問，怎麼都不作香蕉口味的蛋糕？
好友再建議，可以作香蕉口味的蛋糕啊！
殊不知，我從小就不吃香蕉，
那氣味根本很臭，憑甚麼説是香蕉？

某一天好友生日，為了堵她的嘴，
我捏著鼻子作了香蕉蛋糕給她祝壽，
聽説家人評價挺高的。
好奇心驅使，
我自己偷偷作了一回，偷偷嘗了一口，
哎呀！怎麼這麼美味！
烘烤過的香氣好迷人，
根本和香蕉他本人差異很大啊！
從此之後，這款風味成了馬卡瑞比的常態品項！

材料

- 蛋黃：3顆
- 葡萄籽油：40公克
- 低筋麵粉：75公克
- 香蕉：85公克
- 全脂鮮奶：20公克
- 蛋白：4顆
- 檸檬汁：3公克
- 白砂糖：38公克
  （分成兩部分：蛋黃使用8公克，蛋白使用30公克）
- 核桃：6顆（完整狀態）

Point

香蕉的選擇，沒有特定品種，凡是自己吃慣的都適合，惟須留意，應選取已布滿斑點且呈現十分成熟狀態的，這樣烘烤出來的蛋糕體香氣才會足夠。一般市售的香蕉有著亮麗光滑的外表、少有斑點，這樣美麗的香蕉絕對不適合拿來作戚風蛋糕！

準備工作

將香蕉搗成泥狀，與全脂鮮奶混合均勻備用。

搭配鮮奶油：原味鮮奶油

材料

- 鮮奶油：120公克
- 白砂糖：7公克

製作方式

以慢速攪打鮮奶油，待出現泡泡時，將白砂糖加入，再轉至中速持續攪打，打到個人喜歡的濃稠度即完成（打發鮮奶油的方法參見P.84）。

製作提要

製作上與香草牛奶戚風蛋糕（參見P.12）相同，只是兩處需要變更：

Ⓐ加入固形物：原先在製作香草牛奶風味時，加入全脂鮮奶的時候，改為加入混入全脂鮮奶的香蕉泥。

Ⓑ麵糊倒入模具後，放上六顆完整的核桃，再送入烤箱烘烤。

1. 蛋黃與白砂糖混合並打至顏色發白呈濃稠狀態後，將葡萄籽油分次慢慢倒入，以手持打蛋器不斷攪拌，直到質地均勻且呈美奶滋狀態。
2. 低筋麵粉分兩次過篩加入蛋黃液中，並分兩次倒入已調勻的全脂鮮奶＋香蕉泥，以手持打蛋器迅速且輕柔地混合麵糊。
3. 蛋白霜製作完成後（參見P.14），取一半加入步驟2的麵糊中，以手持打蛋器大致混合。
4. 將步驟3的麵糊加入剩下的蛋白霜中，以刮刀自容器底部翻拌上來，反覆多次至完全融合。
5. 將步驟4的麵糊入模，放上六顆完整的核桃後，放入已預熱至170℃的烤箱中烤15分鐘，再降至160℃烤18分鐘。出爐後倒扣冷卻，脫模後即完成。

同場加映 ：香蕉餅乾

香蕉運用在甜點的方式多得不計其數，這裡分享一個連蛋都不需要的餅乾食譜，操作簡易、風味單純，可以和家中孩子一同製作享用。

材料

- 無鹽奶油65公克
- 細白砂糖25公克
- 低筋麵粉125公克
- 香蕉85公克

製作方式

1. 以手持打蛋器將無鹽奶油與細白砂糖混合打發（細白砂糖與奶油完全融合至沒有顆粒感，且奶油顏色由黃轉白，狀態成乳霜狀）。
2. 將搗碎成泥的香蕉與打發的奶油混合均勻。
3. 將低筋麵粉過篩至奶油與香蕉泥中，取刮刀以刮拌方式將所有材料拌勻至無粉粒狀態。
4. 取麵糊大致整成一個個小圓球（直徑約2公分。此麵團較黏手，也可取小湯匙挖取），置於烤盤上壓平，放入已預熱至150℃的烤箱中烘烤32分鐘，取出冷卻即可食用。

Black Bean Chiffon Cake

MACARABBIT CHIFFON CAKE

黑豆粉戚風蛋糕

黑豆的營養價值高，
近幾年來成了養生聖品，
將它加入蛋糕中，
在心理上也產生了「順便」補一下的心態。

沒有其他多餘的調味，
請細細品味豆香吧！

材料

- 蛋黃：3顆
- 葡萄籽油：40公克
- 低筋麵粉：50公克
- 焙煎黑豆粉：30公克
- 全脂鮮奶：60公克
- 蛋白：4顆
- 檸檬汁：3公克
- 白砂糖：38公克
  （分成兩部分：蛋黃使用8公克，蛋白使用：30公克）

Point

市售的日式黑豆粉有著焙煎風味，加入蛋糕體中，即使不搭配鮮奶油也能散發濃郁香氣。如果買不到黑豆粉，焙煎黃豆粉也有著類似風味，可以之代替。

搭配鮮奶油：焙煎黑豆粉鮮奶油

材料

- 鮮奶油：120公克
- 白砂糖：7公克
- 焙煎黑豆粉：12公克
- 水：5公克

製作方式

將水與焙煎黑豆粉調勻，加入已打發的鮮奶油中（打發鮮奶油的方法參見P.84），再以手持電動攪拌器攪打數秒，直至材料混和均勻即完成。

推薦飲品：日式焙茶

經過焙火處理的煎茶，多了一分濃郁風味，卻少了傷胃的負擔，與同樣以焙煎處理的黑豆粉十分合拍，請一起搭配享用吧！

製作提要

製作上與香草牛奶戚風蛋糕（參見P.14）相同，只是有一處需要變更：
＊粉類改變：70公克的低筋麵粉降為50公克，並與30公克的焙煎黑豆粉混和均勻使用。

1. 蛋黃與白砂糖混合並打至顏色發白呈濃稠狀態後，將葡萄籽油分次慢慢倒入，以手持打蛋器不斷攪拌，直到質地均勻且呈美奶滋狀態。
2. 低筋麵粉與黑豆粉拌勻後，分兩次過篩加入蛋黃液中，全脂鮮奶亦分兩次倒入，以手持打蛋器迅速且輕柔地混合麵糊。
3. 蛋白霜製作完成後（參見P.14），取一半加入步驟2的麵糊中，以手持打蛋器大致混合。
4. 將步驟3的麵糊加入剩下的蛋白霜中，以刮刀自容器底部翻拌上來，反覆多次至完全融合。
5. 將步驟4的麵糊入模後，放入已預熱至170℃的烤箱中烤15分鐘，再降至160℃烤18分鐘。出爐後倒扣冷卻，脫模後即完成。

黑芝麻戚風蛋糕

有著異國婚姻的外國常客，
開店之初就常在週末帶著先生和小孩一起來，
戚風蛋糕是她必點的品項。

一回許久不見，
她說和孩子暑假都在歐洲參加音樂夏令營。
她吃著芝麻戚風蛋糕，咀嚼沒兩下，
還滿口的蛋糕卻急著和我說「歐伊希，歐伊希！」
我當然開心地回她謝謝，
卻也好奇地問她，
「不是吃過許多回，怎麼如此激烈讚賞？」
「哎呀，歐洲的蛋糕都好紮實厚重啊！
還是不能沒有這樣鬆軟濕潤的戚風蛋糕啊！」

原來如此，
我會一直一直提供
這樣鬆軟濕潤的蛋糕給客人們！

芝麻也屬於堅果的一種，
濃郁的香氣與豐富的油脂讓人難以抗拒，
有時候在元宵節時不想吃熱量破表的芝麻湯圓，
我會以一小塊芝麻戚風蛋糕代替，
滿足一下口腹之欲吧！

材料

- 蛋黃：3顆
- 葡萄籽油：40公克
- 低筋麵粉：50公克
- 黑芝麻粉：30公克
- 全脂鮮乳：60公克
- 蛋白：4顆
- 檸檬汁：3公克
- 白砂糖：38公克
  （分成兩部分：蛋黃使用8公克，蛋白使用30公克）

Point

市售黑芝麻粉非常容易取得，如同其他堅果，開封後請盡速食用完畢，未食用完畢則須冷藏，否則有了油耗味，吃了可不健康。

搭配鮮奶油：芝麻鮮奶油

材料

- 鮮奶油：120公克
- 白砂糖：7公克
- 黑芝麻粉：12公克
- 水：5公克

製作方式

將水與芝麻粉調勻，加入已打發的鮮奶油中（打發鮮奶油的方法參見P.84），再以手持電動攪拌器攪打數秒，直至材料混和均勻即完成。

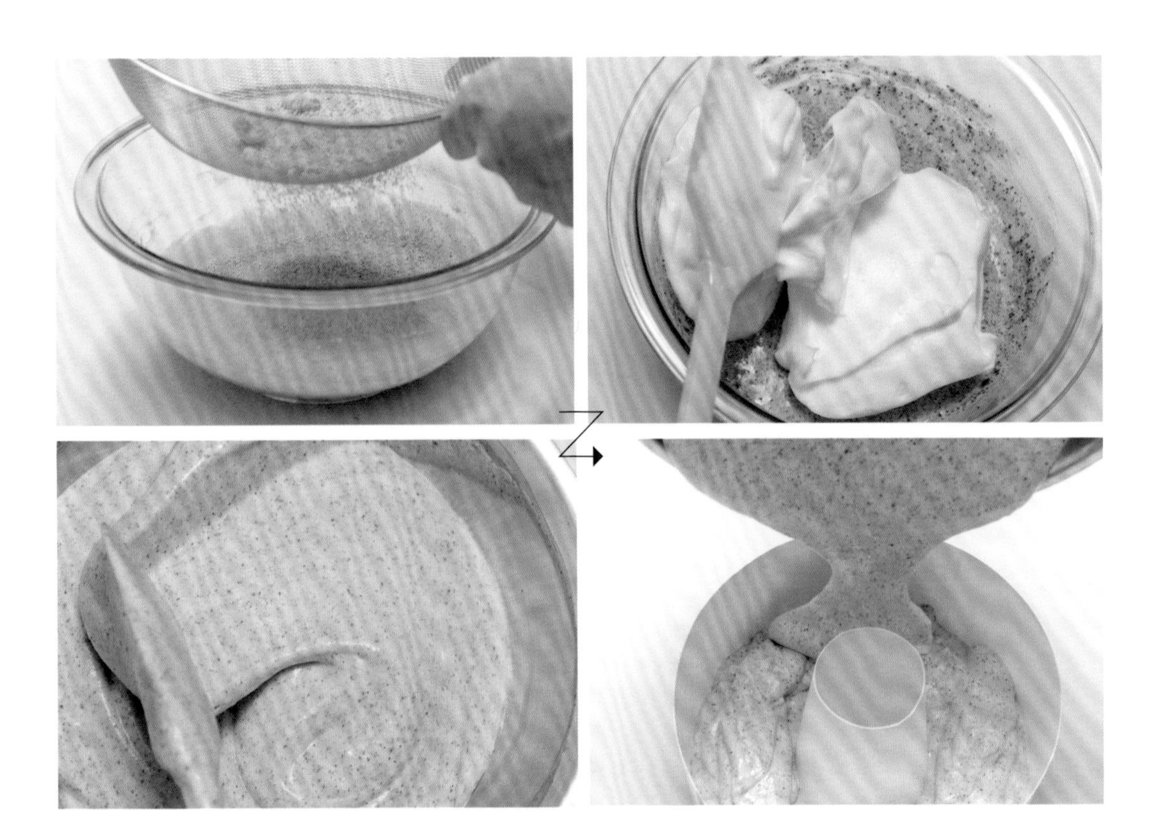

製作提要

製作上與香草牛奶戚風蛋糕（參見P.12）相同，只是有一處需要變更：

＊粉類改變：70公克的低筋麵粉降為50公克，並與30公克的黑芝麻粉混合均勻後，過篩使用。

1. 蛋黃與白砂糖混合並打至顏色發白呈濃稠狀態後，將葡萄籽油分次慢慢倒入，以手持打蛋器不斷攪拌，直到質地均勻且呈美奶滋狀態。
2. 低筋麵粉與黑芝麻粉拌勻後，分兩次過篩加入蛋黃液中，全脂鮮奶亦分兩次倒入，以手持打蛋器迅速且輕柔地混合麵糊。
3. 蛋白霜製作完成後（參見P.14），取一半加入步驟2的麵糊中，以手持打蛋器大致混合。
4. 將步驟3的麵糊加入剩下的蛋白霜中，以刮刀自容器底部翻拌上來，反覆多次至完全融合。
5. 將步驟4的麵糊入模後，放入已預熱至170℃的烤箱中烤15分鐘，再降至160℃烤18分鐘。出爐後倒扣冷卻，脫模後即完成。

PLATE

巧克力戚風蛋糕

腦波很弱，因為友人一句話：
「一家甜點店怎能沒有巧克力蛋糕？」
我就被驅動了！

巧克力的油脂容易讓蛋白消泡，
使得蛋糕體總是無法健全發展，
我試著多加一顆蛋白進行抵禦，
終於尋回戚風蛋糕應有的ㄉㄨㄞ ㄉㄨㄞ感。

濕潤的蛋糕體，
讓風味濃郁的巧克力吃起來一點也不厚重，
佐一抹白蘭地鮮奶油，再順口不過了！
蛋糕體上的巧克力豆，則豐富了整體口感。

材料

- 蛋黃：3顆
- 葡萄籽油：40公克
- 低筋麵粉：55公克
- 無糖可可粉：15公克
- 全脂鮮奶：30公克
- 水：30公克
- 蛋白：5顆
- 檸檬汁：3公克
- 細白砂糖：38公克
  （分成兩部分：蛋黃使用8公克，
  蛋白使用30公克）
- 鈕釦狀巧克力：20公克

Point

此款蛋糕的風味，取決於無糖可可粉與上方鋪上的巧克力豆，請務必多方嘗試，找出自己最愛的風味（馬卡瑞比慣用的是：德國亨氏可可粉與比利時嘉麗寶 70% 的苦甜巧克力鈕釦）。

製作提要

製作上與香草牛奶戚風蛋糕（參見P.14）相同，只有三處需要變更：

Ⓐ液體改變：液體部分改以30公克全脂鮮奶與30公克的水替代。

Ⓑ粉類改變：低筋麵粉改由55公克的低筋麵粉與15公克的無糖可可粉取代。

Ⓒ表層增加巧克力豆：任何自己喜歡的巧克力豆都很適合，沒有特殊種類限制。

1. 蛋黃與白砂糖混合並打至顏色發白呈濃稠狀態後，將葡萄籽油分次慢慢倒入，以手持打蛋器不斷攪拌，直到質地均勻且呈美奶滋狀態。
2. 低筋麵粉與可可粉拌勻後，分兩次過篩加入蛋黃液中，已兑水的全脂鮮奶亦分兩次倒入，以手持打蛋器迅速且輕柔地混合麵糊。
3. 蛋白霜製作完成後（參見P.14），取一半加入步驟2的麵糊中，以手持打蛋器大致混合。
4. 將步驟3的麵糊加入剩下的蛋白霜中，以刮刀自容器底部翻拌上來，反覆多次至完全融合。
5. 將步驟4的麵糊入模後，放上鈕釦狀巧克力，再放入已預熱至170℃的烤箱中烤15分鐘，再降至160℃烤18分鐘。出爐後倒扣冷卻，脫模後即完成。

可可豆的美好，原本只有中美洲的人們知道

早在三千年前，瑪亞人便已開始種植可可樹！當時的可可並不是休閒飲品，而是對健康有益的「藥品」，且中美洲的人們相信可可豆能傳遞心意給神明，所以拜拜不使用「乖乖」而是用可可豆。此外，他們上市場買菜不帶錢包，只抓上一把可可豆也行，多元支付的方式在當年就已經流行了！

直到大約五百年前，西班牙征服者柯提斯與阿茲特克帝國的末代君王蒙提祖馬二世相遇，為可可豆種下傳往歐陸的契機。這一場世紀大會面在1519年，是阿茲特克帝國走向毀滅的前奏，也是西班牙不斷挺進中南美洲的開端，會面時的飲品就是「熱可可」！據紀載，當天端出超過兩千杯的熱可可，不過嘗起來和我們現在喝的很不一樣；以人力磨碎的可可豆再怎麼樣也無法像今日的調理機處理得那麼細膩，為了減緩惱人的顆粒在口中帶來的不適，因此調製飲品時會從高處倒下，在不同容器中反覆多次流動以產生泡沫（是泡沫紅茶的始祖嗎？），裡頭加的是辣椒和花瓣，是的，沒有加糖！一定是又酸又苦，像是「強身健體」的機能性飲料，一點都不像是喝開心的休閒飲品啊！

約莫十年後，柯提斯將這個在阿茲特克帝國的高級飲品帶回西班牙，初期並不受歡迎，然而加糖飲用的改良方法出現之後，熱可可這項飲品便席捲整個西班牙甚至歐陸。為了跟上不斷高升的需求，掠奪的手段愈來愈殘酷，從非洲輸出奴隸運往加勒比海從事勞動，產出的成果再運回歐洲，這惡名昭彰的「三角貿易」活動，可可也在其中寫下了一頁。

當我們吃著美味的巧克力蛋糕，喝著香醇的咖啡還加了點糖，是否想起當年咖啡、可可與糖在「三角貿易」裡，是以多少奴隸的生命換來？抑或，現今的這些美味，是否仍以許多「不公平」的方式交換而來？

Matcha Chiffon Cake

抹茶戚風蛋糕

抹茶將整個蛋糕體染成鮮綠，
不過它氧化的速度卻挺快的，
不消幾個鐘頭就會走向墨綠，
然而一刀切下，
露出沒有接觸空氣的那面，
又有活跳的鮮綠出現！

旁邊一小撮蜜紅豆的色彩飽和度滿點，
享用時都能感受到食物帶來的活力。

材料

- 蛋黃：3顆
- 葡萄籽油：40公克
- 低筋麵粉：65公克
- 抹茶粉：10公克
- 水：65公克
- 蛋白：4顆
- 檸檬汁：3公克
- 白砂糖：38公克
  （分成兩部分：蛋黃使用8公克，蛋白使用30公克）

Point

抹茶粉是整個蛋糕風味的精髓，因此抹茶粉的品質幾乎就決定了一切，不過這也未必表示選用愈昂貴的愈好。一般日本專售抹茶粉的品牌都有多種等級可以選擇，留意說明中或有建議適合甜點製作或入菜的款式，選擇這種款式絕對是價格與品質相對等的決定（馬卡瑞比慣用品牌為「一保堂」的「初昔」抹茶）。

搭配鮮奶油：抹茶鮮奶油

材料

- 鮮奶油：120公克
- 白砂糖：10公克
- 抹茶粉：7公克

製作方式

將抹茶粉先與鮮奶油大致混合，再參照P.84的方式將之打發，惟須留意加入抹茶粉的鮮奶油將比一般的鮮奶油更快打發。

推薦飲品：抹茶拿鐵

材料

- 抹茶粉2公克
- 熱水（約65℃）60公克

製作方式

1. 將抹茶粉過篩至抹茶碗中，倒入熱水，再持專用器具採m型方式在碗中刷動，直至抹茶粉完全與水融合。
2. 另行製作奶泡，或直接取溫熱的全脂鮮奶50公克倒入抹茶中即可享用（由於全脂鮮奶本身就具有甜味，因此不建議再加糖）。

製作提要

製作上與香草牛奶戚風蛋糕（參見P.12）相同，但有兩處需要變更：
Ⓐ粉類改變：70公克的低筋麵粉降為65公克，並加入10公克的抹茶粉，充分混勻之後才能過篩至已與葡萄籽油充分混合的蛋黃液中。
Ⓑ液體改變：將60公克的鮮奶改為65公克的水。
加入抹茶粉的麵糊較乾，所以水分多增加5公克，留意以手持打蛋器攪拌時，不要因為乾燥而使力攪拌，只要稍具耐性，麵糊一樣可以呈現具有光澤的樣態。

1. 蛋黃與白砂糖混合並打至顏色發白呈濃稠狀態後，將葡萄籽油分次慢慢倒入，以手持打蛋器不斷攪拌，直到質地均勻且呈美奶滋狀態。
2. 低筋麵粉與抹茶粉拌勻後，分兩次過篩加入蛋黃液中，水亦分兩次倒入，以手持打蛋器迅速且輕柔地混合麵糊。
3. 蛋白霜製作完成後（參見P.14），取一半加入步驟2的麵糊中，以手持打蛋器大致混合。
4. 將步驟3的麵糊加入剩下的蛋白霜中，以刮刀自容器底部翻拌上來，反覆多次至完全融合。
5. 將步驟4的麵糊入模後，再放入已預熱至170℃的烤箱中烤15分鐘，再降至160℃烤18分鐘。出爐後倒扣冷卻，脫模後即完成。

Formosa Oolong Tea Chiffon Cake

烏龍茶戚風蛋糕

十多年前在英國約克旅行時，造訪了當地知名的貝蒂茶館（Betty's Cafe Tea Room），攤開菜單，裡頭琳瑯滿目的茶飲實在令我不知如何選擇，請服務人員推薦，他竟豪不猶豫地說，試試Formosa Tea！是為我一解鄉愁的建議，還是他真心覺得鎮店之寶就是烏龍茶？

材料

- 蛋黃：3顆
- 葡萄籽油：40公克
- 低筋麵粉：65公克
- 烏龍茶粉：10公克
- 水：65公克
- 蛋白：4顆
- 檸檬汁：3公克
- 白砂糖：38公克
  （分成兩部分：蛋黃使用8公克，蛋白使用30公克）

Point

想要依樣畫葫蘆，和伯爵奶茶戚風蛋糕一般，萃取一小杯濃縮茶加入麵糊中嗎？
每每在煮茶的時候，茶湯啜飲起來濃郁得很，但加入蛋糕體烘烤後，總是香氣全無。測試過無數種烏龍茶包、茶葉，總不得其門而入，那麼就改用茶粉吧！彷彿魔法奏效，蹦地！烏龍茶香噴發了！請務必使用茶粉，蛋糕體才能在烘烤過後仍有濃郁的香氣！

搭配鮮奶油：烏龍茶鮮奶油

材料

- 鮮奶油：120公克
- 白砂糖：10公克
- 烏龍茶粉：7公克

製作方式

將烏龍茶粉先與鮮奶油大致混合，再參照P.84的方式將之打發，惟須留意加入烏龍茶粉的鮮奶油將比一般的鮮奶油更快打發。

製作提要

製作上與香草牛奶戚風蛋糕（參見P.12）相同，但有兩處需要變更：

Ⓐ粉類改變：70公克的低筋麵粉降為65公克，並加入10公克烏龍茶粉，充分混勻之後才能過篩至已與葡萄籽油充分混合的蛋黃液中。

Ⓑ液體改變：將60公克的鮮奶改為65公克的水。

加入茶粉的麵糊較乾，所以水分多增加5公克，留意以手持打蛋器攪拌時，不要因為乾燥而使力攪拌，只要稍具耐性，麵糊一樣可以呈現具有光澤的樣態。

1. 蛋黃與白砂糖混合並打至顏色發白呈濃稠狀態後，將葡萄籽油分次慢慢倒入，以手持打蛋器不斷攪拌，直到質地均勻且呈美奶滋狀態。
2. 低筋麵粉與烏龍茶粉拌勻後，分兩次過篩加入蛋黃液中，水亦分兩次倒入，以手持打蛋器迅速且輕柔地混合麵糊。
3. 蛋白霜製作完成後（參見P.14），取一半加入步驟2的麵糊中，以手持打蛋器大致混合。
4. 將步驟3的麵糊加入剩下的蛋白霜中，以刮刀自容器底部翻拌上來，反覆多次至完全融合。
5. 將步驟4的麵糊入模後，再放入已預熱至170℃的烤箱中烤15分鐘，再降至160℃烤18分鐘。出爐後倒扣冷卻，脫模後即完成。

The Choicest Formosa Oolong Tea

精選台灣烏龍茶

1868年，台灣的烏龍茶外銷美國大受歡迎，幕後推手就是人稱台茶之父的蘇格蘭人約翰陶德（John Dodd），當然他的買辦廈門人李春生也功不可沒。

陶德在走訪台灣北部丘陵時，發現當地自然環境非常適合種植茶葉，不過當時該區作物以大菁（藍染植物）為主，由於價格穩定，想要説服農民變更長久以來習慣種植的作物並不容易，陶德於是貸款給農民，協助購買品質較佳的中國茶苗，並在種植前就承諾以較高價格收購（契作的概念可不是現今才有呢！），更聘請中國優異的製茶師製茶，再銷往美國，確實掌握產、製、銷，這樣可謂一條龍的經營模式，讓福爾摩沙茶在國際發光，也造就許多就業機會。

大家都這麼説烏龍茶：有綠茶的清香，紅茶的甘甜，很中庸吧！製作烏龍茶風味的戚風蛋糕時，烘烤時的陣陣茶香，總讓我想起約翰陶德的故事。關於他對台茶的貢獻事蹟，或許我們早已耳熟能詳，不過當初他的投資還涉及樟腦、肉桂與石油等領域，甚至對於原住民的文化與風俗也有相當程度的瞭解，集冒險家、創業家與人類學家等角色於一身。

嘗起來風味中庸？但烏龍茶可是有著超級冒險性格的陶德先生所推動的茶呢！
搭配著略帶苦味的烏龍茶鮮奶油仔細品嘗，並遙想當年叱吒風雲的精選台灣烏龍茶，這應該是馬卡瑞比最深邃的戚風蛋糕風味。且讓我們像陶德先生一般充滿冒險精神，開創更多有著獨創性風味的戚風蛋糕吧！相信本書最後一個風味，就是您自創風味的開始！

注入空氣的蛋白，發得如軟嫩的雲朵，
將之拌入蛋黃麵糊，
絲綢般的質地，在烤箱裡長大，
你無須也無法精準預測它的模樣。

出爐、脫模、切片，
孔洞雖未必均勻一致，質地倒是絕對細膩，
或品嘗原味 或 淋上一抹鮮奶油，
咬一口，便明白
——這是會呼吸的 戚風蛋糕。

Lady Fingers

手指餅乾

手指餅乾的作法與戚風蛋糕如出一轍，
只不過少了葡萄籽油，
並將順序稍微調動，
先打發蛋白，再處理蛋黃。

享受單純的蛋香與酥脆的口感，
總是讓人一根接著一根停不下來。

提拉米蘇裡的餅乾就是這款，
雖然在市面上可直接購得，
但自己製作的卻有一股天然的風味，
愈是沒有調味的品項，
愈能展現單純的美好，
直接吃，或沾著卡士達醬（參見P.78）享用，
都很適合。

材料

- 蛋黃：2顆
- 低筋麵粉：50公克
- 蛋白：2顆
- 檸檬汁：3公克
- 白砂糖：25公克
  （分成兩部分：蛋黃使用5公克，
  蛋白使用20公克）
- 糖粉：適量

準備工作

1. 將全蛋打入乾燥潔淨的碗中，取一只圓周略大於蛋黃的湯匙，將之撈出，須注意蛋白部分不可沾到蛋黃，以免無法打發。
2. 將蛋白置入冰箱冷凍區。
3. 秤妥上述所有材料。
4. 在烤盤上鋪妥烘焙紙。

1

製作方法

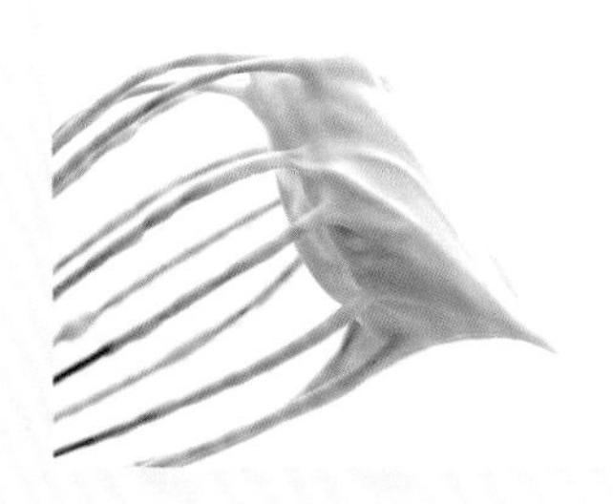

1. 先以手持電動攪拌器將蛋白打發（請留意配合20公克的白砂糖。蛋白霜的打發方式請參考P.14）。

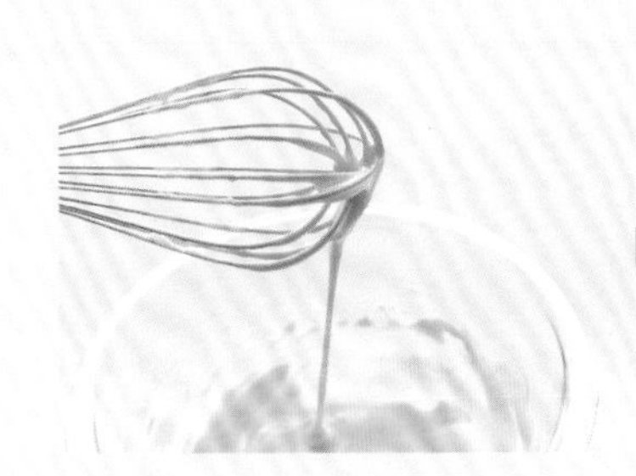
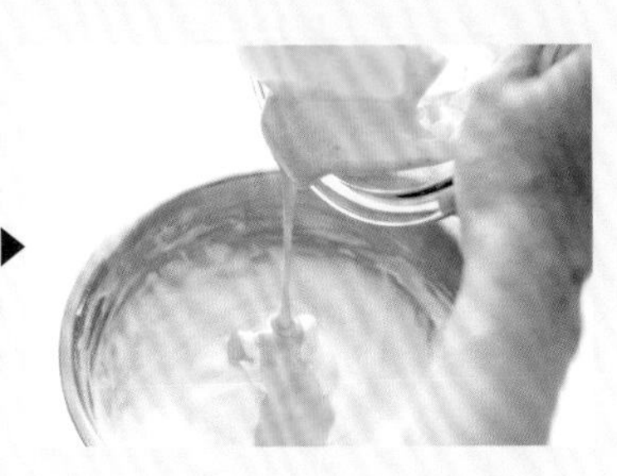

2. 將蛋黃打發（請配合5公克的白砂糖），加入步驟1已打發的蛋白中（由於此處先打發蛋白，所以攪拌棒可以不用清洗，直接繼續打發蛋黃即可）。

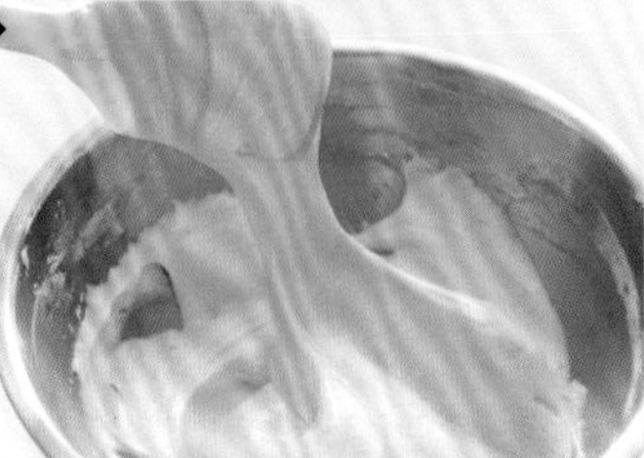

3. 取攪拌器輕輕攪拌，將蛋黃液與蛋白霜稍微混合後，再將過篩的麵粉倒入混合液中，並取刮刀以切拌方式將所有材料融合直到毫無粉粒的狀態。

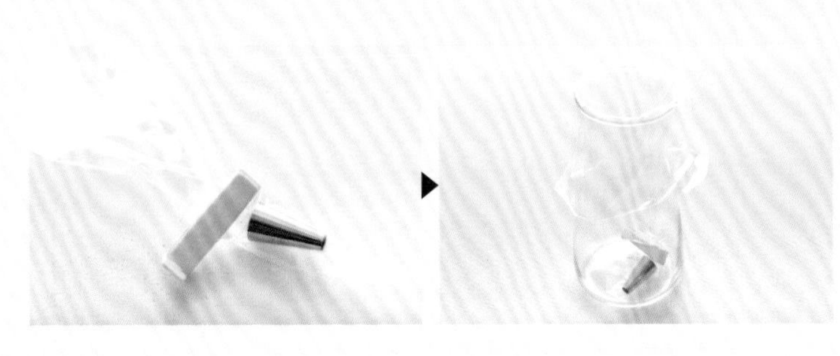

4. 取一圓形無特殊圖案的花嘴放入擠花袋中，並以密封夾封住花嘴上方，置放於適合的長型寬口容器中。

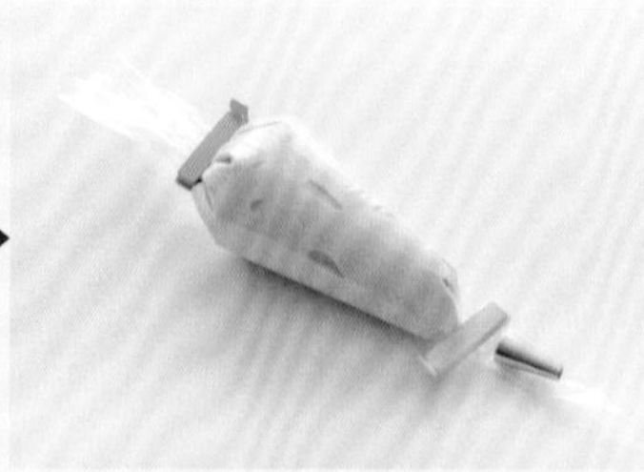

5. 將步驟3製作好的麵糊倒入步驟4的擠花袋中，再把擠花袋取出，後端以另一密封夾固定，準備擠花前，才以剪刀將花嘴前端剪開，並將下端的密封夾去除，以利麵糊流出。

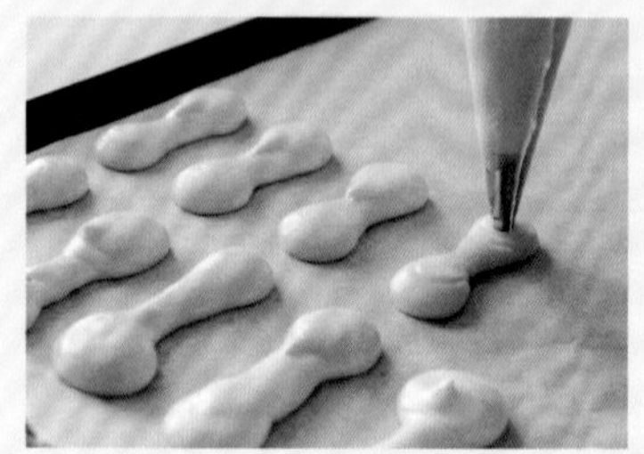

6. 一手握住擠花帶上方，另一手則握住擠花袋中間控制麵糊的流量，在烤盤上擠出約4至5公分類似狗骨頭形狀的麵糊。須留意每根狗骨頭要有一定間距，因為麵糊在烘烤時會膨脹。

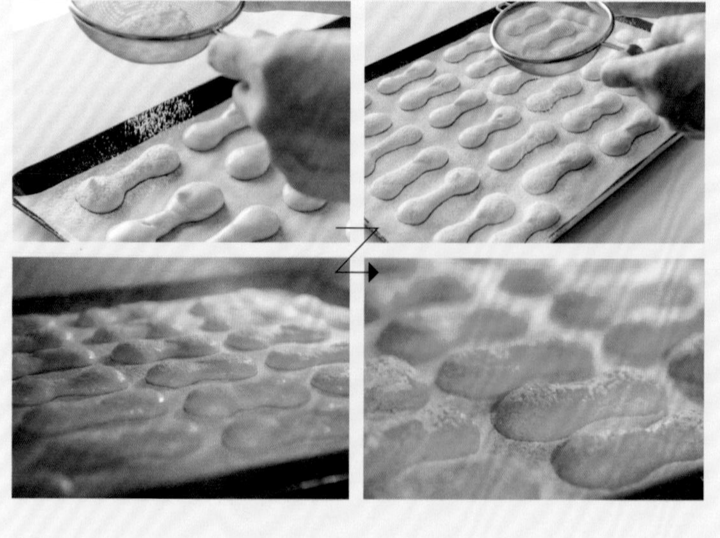

7. 待全部都擠好後，依序以細網過篩糖粉，將糖粉撒在每一根狗骨頭麵糊上，重複撒兩次，使手指餅乾在烘烤過後表面可以保持乾燥。

送入已預熱至170℃的烤箱中烘烤15分鐘，再將烤溫降至140℃烘烤20分鐘，出爐後放涼，再將手指餅乾置放於密封罐中，可保酥脆。

香草卡士達醬

Vanilla Custard

多加一顆蛋白，
成就了戚風蛋糕體的蓬鬆，
多出來的蛋黃該怎麼處理呢？

夏天最愛泡芙了，
裡面濃郁的醬料總讓你覺得不夠？
冬天傳統的克林姆麵包，
一口咬下，那熱騰騰的醬汁總讓你回味無窮？
它們可都是卡士達醬啊！
而卡士達醬就只需要使用蛋黃，
正好可以善用多出來的蛋黃。
今天就捲起袖子自己作吧！

材料

- 全脂鮮奶：200公克
  （分為20公克與180公克）
- 香草莢：¼支
- 蛋黃：2顆
- 白砂糖：20公克
- 低筋麵粉：15公克
- 無鹽奶油：5公克

準備工作

1. 將蛋黃與蛋白分開，僅取蛋黃使用。
2. 將香草莢橫向切開後，對剖成兩半，取籽。
3. 取一只單柄鍋，倒入180公克的全脂鮮奶，並將處理好的香草籽放入。
4. 將15公克低筋麵粉過篩，並取一小型攪拌棒，將之與20公克的全脂鮮奶攪拌均勻，置放一旁備用。
5. 秤妥其他材料備用。

製作方法

1. 加熱單柄鍋中的180公克全脂鮮奶，使牛奶達到將滾未滾的狀態。

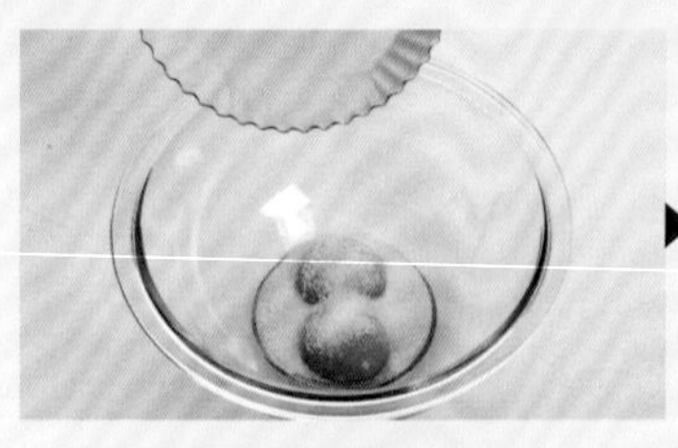

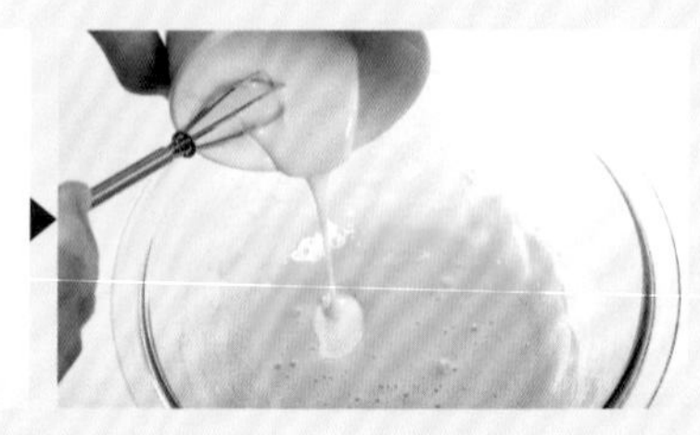

2. 取兩顆蛋黃與20公克白砂糖混合打發，再將預先處理好的鮮奶麵粉糊倒入，混合均勻。

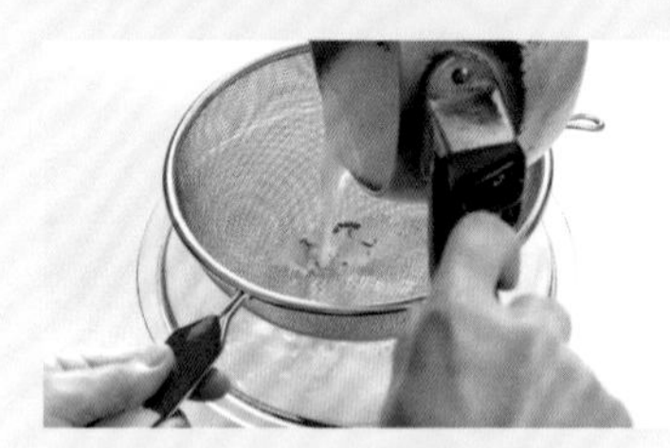

3. 將步驟1過濾，加入步驟2打發的蛋黃與鮮奶麵糊中，並取打蛋器將材料攪勻，混合均勻後再過濾到原先的單柄鍋中，繼續加熱。

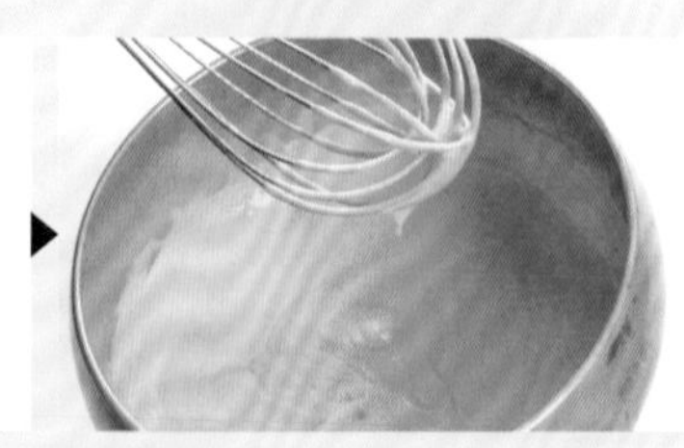

4. 持續加熱的過程中，必須以手持打蛋器不斷攪動鍋中物，以免醬汁沾黏鍋底。在不斷攪拌的過程中，會感受到醬汁逐漸濃稠。
5. 待醬汁濃稠度達到所希望的程度時，即可熄火，加入5公克的無鹽奶油，以手持打蛋器攪拌，直至奶油完全與醬汁融合。醬汁濃稠度可依個人喜愛調整。請注意，若想冷卻冰鎮後食用，冰過的醬汁會比溫熱時更濃稠！

6. 最後將步驟5的醬汁再次過篩到乾淨的容器中，成品降溫後冷藏，隨時都能運用。

香草卡士達醬的運用

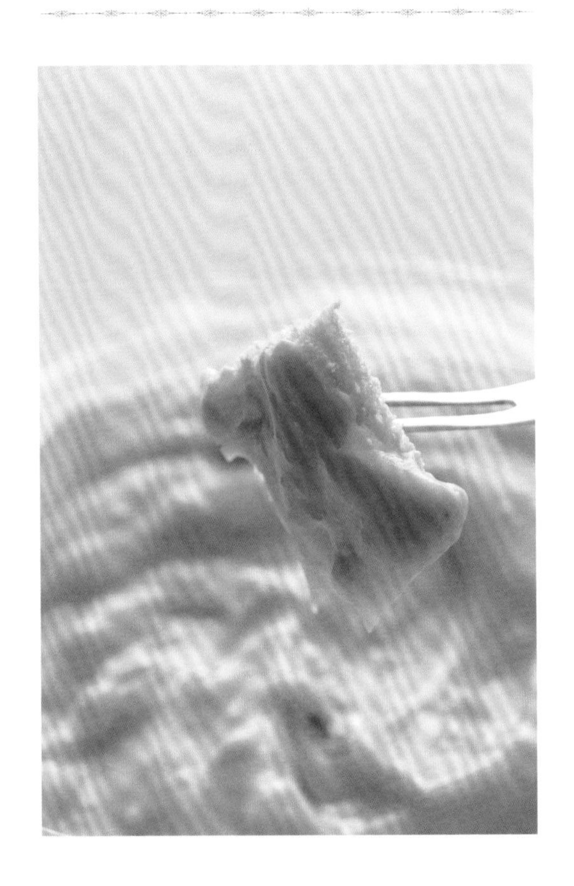

香草卡士達醬有很多吃法，
可直接將戚風蛋糕切開後抹醬，
也可改取一個擠花袋，前置花嘴，
將卡士達醬灌入蛋糕體。

如果偏好更滑順柔軟的口感，
可試著加入少許打發的鮮奶油。
馬卡瑞比偏好的比例是：
220公克製好的卡士達醬配上70公克打發的鮮奶油。
以手持電動打蛋器將兩者混合均勻，
淋在戚風蛋糕體上，
或當作夾餡，都可以增加口感豐富度。

在此介紹的簡易法式烤布蕾與提拉米蘇，
也是卡士達醬的變化吃法！
一起作作看吧！

簡易法式烤布蕾 Creme Brulee

無須動用烤箱烘烤，只要將卡士達醬冰透，就可享受濃郁的烤布蕾。

1. 將冰透的卡士達醬放入耐熱器皿中（這裡選擇的是玻璃布丁器皿），
   並在表面撒上一層白砂糖。
2. 取一火槍對著白砂糖噴，待表面白砂糖逐漸融化且產生微焦狀況後，即可享用。

提拉米蘇 Tiramisu

這裡分享的提拉米蘇與一般傳統的作法不太相同，
沒有生蛋黃，且手指餅乾並不融入醬中，
而是改以沾醬的方式享用，
如此可以保持酥脆的口感，
請務必試試看這一款跳脫傳統的提拉米蘇。

材料

- 製作完成的卡士達醬：200公克
- 咖啡酒（此處選擇的是卡魯哇酒KAHLUA）：25公克
- 馬斯卡邦乳酪（Mascarpone cheese）：160公克
- 可可粉：適量
- 咖啡豆：3顆

○ 喜歡酒味濃郁一點的，可以將25公克的卡魯哇酒降為20公克，其中5公克改以蘭姆酒（Rum）取代之。

作法

1. 取160公克馬斯卡邦乳酪，以電動手持攪拌器將之打至滑順狀態。
2. 將25公克卡魯哇酒加入已冰透的卡士達醬中，再以電動手持攪拌器將兩者混合均勻。
3. 將步驟1和步驟2充分混合，但請不要攪拌過度，以免混合之後的流動性太高，影響口感。
4. 置入任何自己喜愛的容器中，撒上可可粉，並擺上三顆咖啡豆，搭配手指餅乾一起享用。

◆置入馬丁尼杯中，成品美度立馬升級。

打發鮮奶油

Cream

材料

- 鮮奶油：120公克
- 白砂糖：7公克
- 白蘭地：6公克

準備工作

1. 將器具，包括調理盆與手持電動攪拌器的不鏽鋼攪拌棒置入冷凍庫1小時。
2. 秤妥所有材料。
3. 備妥保冷劑。

製作方法

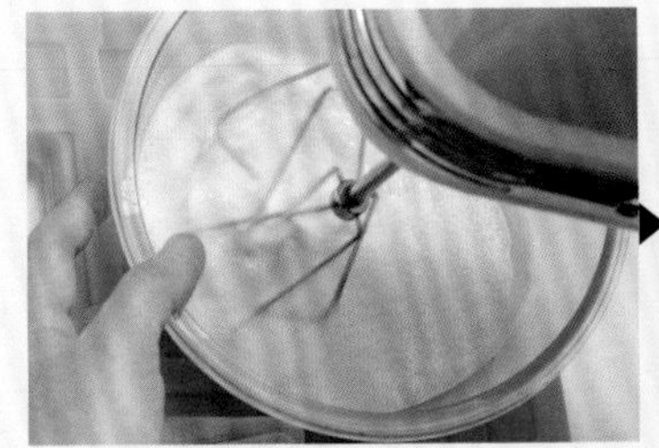

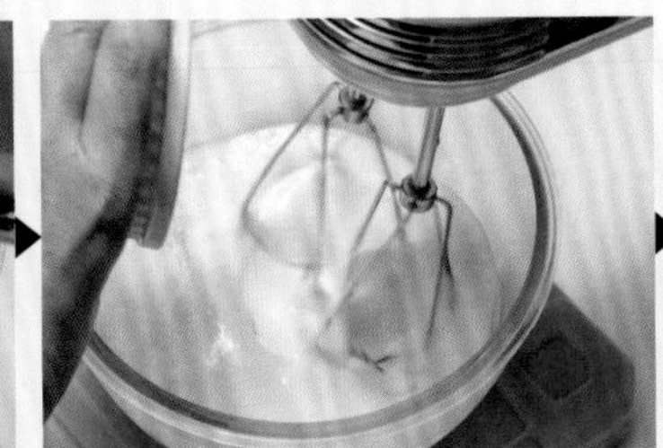

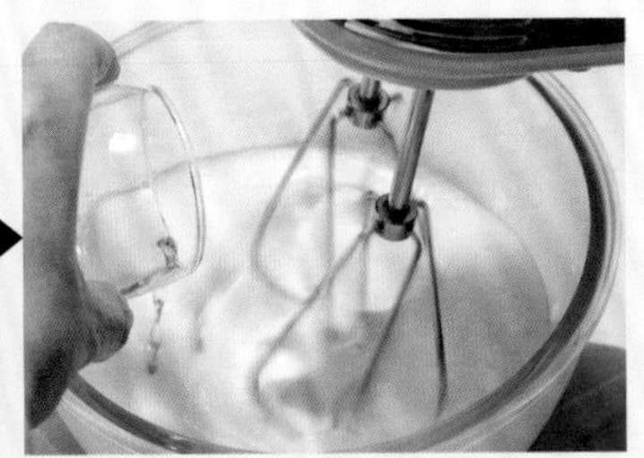

1. 取手持電動攪拌器以低速攪打調理盆內的鮮奶油，直到出現泡泡，再將糖與白蘭地加入。

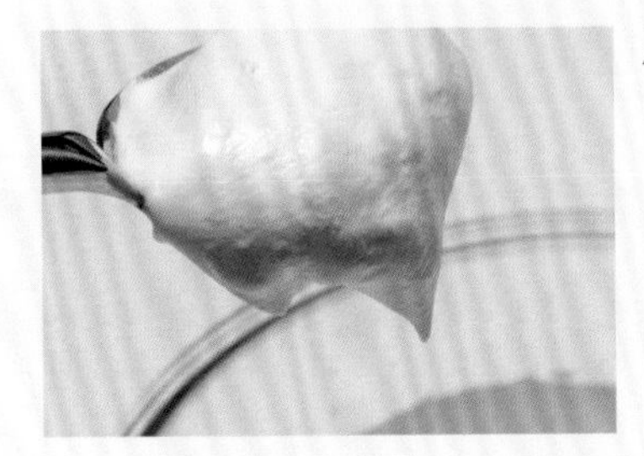

2. 將速度調高至中速，持續攪打，且調理盆要一直置放在保冷劑上，確保溫度不要升高。打發至六分程度，仍具有高流動性的狀態即可。

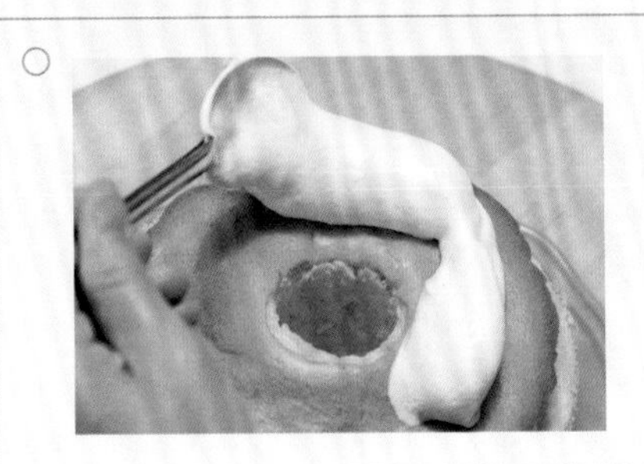

小提示

如果想要進行蛋糕裝飾，甚至使用擠花的方式營造立體感，則需將打發的時間拉長，才能成功塑造鮮奶油的形狀。馬卡瑞比偏好僅在蛋糕體淋上流動性高的打發鮮奶油，因為這種狀態的鮮奶油相對清爽許多。

所需的器具

以添購最少器具為最高指導原則，盡量在自己的廚房中尋覓器具，
除了節省開支之外，更能省下廚房收納空間。

無須高級品牌，不鏽鋼或玻璃調理盆均可，因為這些材質不會吸附氣味，所以使用平常作菜慣用的器具也很好，一物兩用更省廚房收納空間。

過篩器具同樣也有不鏽鋼材質的選擇，便於清洗不殘留異味，絕對是這種材質用品的最大優勢。

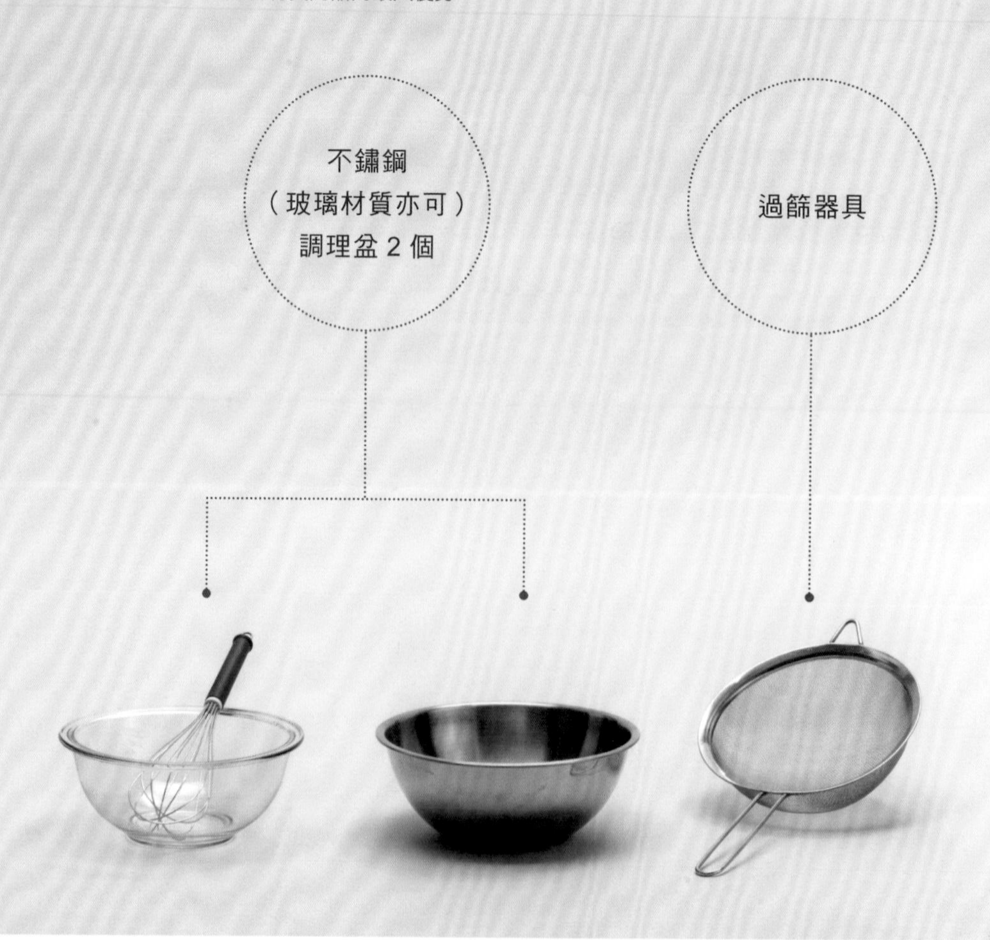

球狀打蛋器並沒有特別規格的要求，自己使用上手即可，選擇時留意握把的粗細，購買時務必實際握握看，感受揮動時的好使度。

電動打蛋器可選擇國產或進口品牌，但別忘了打發蛋白時可能需時5分鐘左右，請留意過重機器或將造成手腕的負擔。

刮刀一般為橡皮刮刀，不僅是勤儉持家的主婦的好朋友，更是甜點成功的關鍵，可別小看它！製作甜點時，我們時常需要將各式麵糊從A容器中移動至B容器，以刮刀將麵糊盡可能地刮除乾淨移到另一器具裡，除了不浪費食材之外，更是減少耗損，精準掌握分量，使成品接近完美的必要條件！

一般常見的脫模刀材質有兩種，塑膠材質與金屬材質。金屬脫模刀具一定硬度，可貼近蛋糕模的表面，脫模後的成品通常較為美觀。塑膠脫模刀的材質較軟，彈性大，適合用來刮除模具上殘留的蛋糕體碎屑，且不必擔心會劃傷模具，是便於事後清洗作業的利器。

戚風蛋糕專屬的中空模具，不僅模樣可愛，設計上也能讓麵糊均勻受熱，所以使用專屬中空模當然會使成品品質更好。一般常見不具中空設計的蛋糕模也能使用，市面上也有耐烘烤的一次性紙製中空模。其實蛋糕模可以有很多選擇，如果家中沒有中空模，但有一般的蛋糕模具，或是任何可放入烤箱烘烤的小烤盅，都能拿來使用，一開始學作蛋糕可暫時不必急著添購新器具，確定自己愛上戚風蛋糕之後再選購也不遲。

製作戚風蛋糕

基本食材挑選

選擇去殼之後約50公克的雞蛋。
檸檬皮刨下之後可先冷凍保存，檸檬汁榨出之後放入小型製冰盒冷凍，每次進行蛋白打發動作的時候取一顆使用，十分方便。

本書中的鮮奶都是使用全脂鮮奶。
本書中使用的香草莢是巴布亞紐幾內亞所產，馬達加斯加產的亦可，風味略有不同，前者鮮明奔放，後者相對淡雅，可依個人偏好選用。

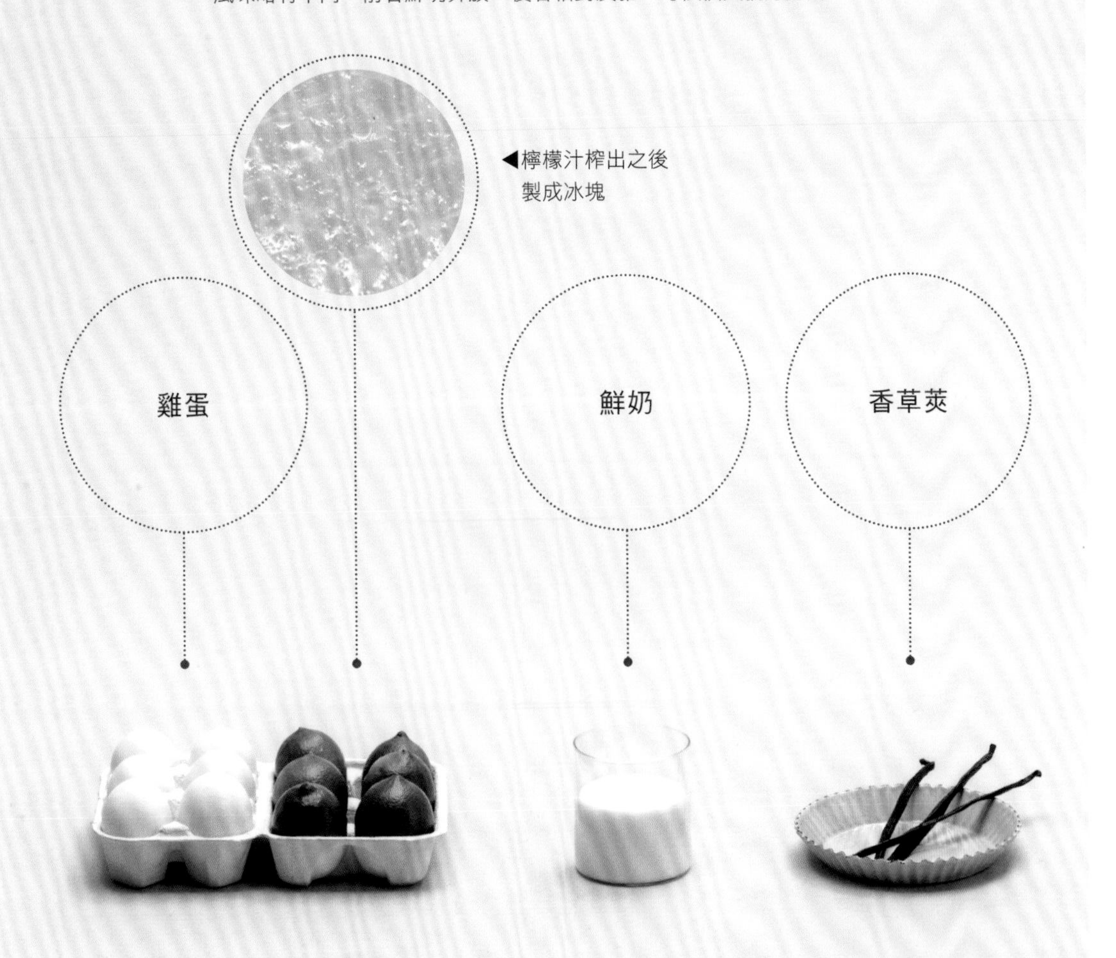

盡量選擇不具特殊氣味的植物油為佳，例如葡萄籽油。
請盡量避免使用酪梨油、橄欖油等氣味強烈的油品。
麵粉的選用上，全書使用的都是低筋麵粉。
作為調味要角的糖，使用一般的細白砂糖即可。

只要加入幾cc的酒，瞬間就能讓甜點的風味提升！不論是混入蛋糕體或在打發鮮奶油時加入幾滴，都能增加風味的層次。將水果（新鮮的或果乾均可）浸泡在各種不同的酒中，也能創造更多元的戚風蛋糕配角。

怎麼使用酒呢？
原則上，喜歡風味層次更加豐富時，就選擇香甜酒（再製酒），想要風味相對單純時，就選擇蒸餾酒。
甜點製作常使用的香甜酒，如：橙酒、荔枝酒與咖啡奶酒等，蒸餾酒則有白蘭地、威士忌與蘭姆酒等。

舉例來說，
想要豐富→選擇香甜酒（再製酒）：
製作一個香草口味的戚風蛋糕體，在草莓季來臨時（或購買進口的各種冷凍莓果亦可），以荔枝酒浸泡莓果，搭配原味的打發鮮奶油，豪邁地鋪在整個蛋糕體，如此一來，口感因莓果豐富，風味也因酒類而多元。
想要單純→選擇蒸餾酒：
希望蛋糕搭配滑順的打發鮮奶油，但不喜愛香甜氣味且又擔心膩口，則可選擇成熟風味的蒸餾酒類。

相反地，也能翻轉上述各種不同處理方式。例如，在打發鮮奶油中加入香甜酒，或以蒸餾酒浸泡各種果乾，都能創造出更多戚風蛋糕的口味風貌。
酒的香氣不容小覷，發揮創意將各式酒類加入甜點，讓各種排列組合現身吧！

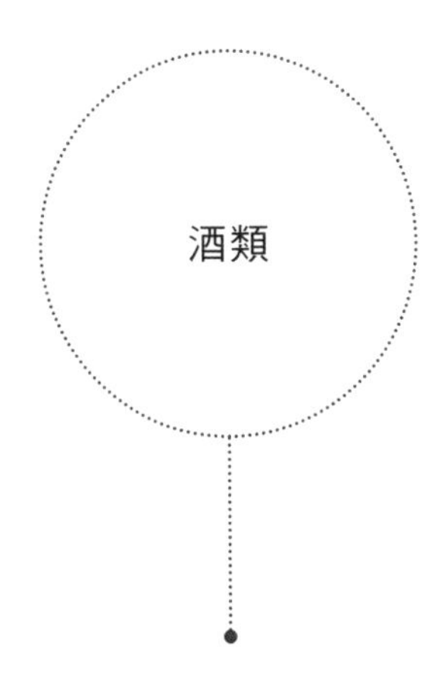

我的專屬配方總表

							液體類				
	材料（單位g） 風味	蛋黃（顆）	蛋白（顆）	白砂糖	植物油	檸檬汁	水	全脂鮮奶			
改變液體											
改變粉類											
增加固形物											

MEMO

			粉類						增加固形物		
			低筋麵粉								

MEMO

我的戚風蛋糕配方筆記

My Chiffon Cake

蛋糕名稱：

製作日期：

使用材料

工具準備

蛋糕寫真

試吃報告

我的戚風蛋糕配方筆記

My Chiffon Cake

蛋糕名稱：

製作日期：

使用材料

工具準備

蛋糕寫真

試吃報告

我的戚風蛋糕配方筆記

My Chiffon Cake

蛋糕名稱：

製作日期：

使用材料

工具準備

蛋糕寫真

試吃報告

我的戚風蛋糕配方筆記

My Chiffon Cake

蛋糕名稱：

製作日期：

使用材料

工具準備

蛋糕寫真

試吃報告

烘焙良品 82

馬卡瑞比・自在風格
會呼吸的戚風蛋糕

作　　　者／馬卡瑞比
發　行　人／詹慶和
總　編　輯／蔡麗玲
執行編輯／李宛真
編　　　輯／蔡毓玲・劉蕙寧・黃璟安・陳姿伶・陳昕儀
執行美術／韓欣恬
美術編輯／陳麗娜・周盈汝
攝　　　影／數位美學・賴光煜
內頁插圖／Karen
出　版　者／良品文化館
郵政劃撥帳號／18225950
戶　　　名／雅書堂文化事業有限公司
地　　　址／新北市板橋區板新路 206 號 3 樓
電　　　話／(02)8952-4078
傳　　　真／(02)8952-4084
網　　　址／www.elegantbooks.com.tw
電子信箱／elegant.books@msa.hinet.net

2018 年 9 月初版一刷　定價 320 元

經銷／易可數位行銷股份有限公司
地址／新北市新店區寶橋路 235 巷 6 弄 3 號 5 樓
電話／(02)8911-0825　傳真／(02)8911-0801

國家圖書館出版品預行編目資料

馬卡瑞比・自在風格：會呼吸的戚風蛋糕
/ 馬卡瑞比著 .
-- 初版 . – 新北市：良品文化館出版：雅書堂文化發行 , 2018.09
面；　公分 . -- (烘焙良品 ; 82)
ISBN 978-986-96634-6-5 (平裝)

1. 點心食譜

427.16　　107014197

烘焙良品 19
愛上水果酵素手作好料
作者：小林順子
定價：300元
19×26公分 · 88頁 · 全彩

烘焙良品 20
自然味の手作甜食
50 道天然食材&愛不釋手的 Natural Sweets
作者：青山有紀
定價：280元
19×26公分 · 96頁 · 全彩

烘焙良品21
好好吃の格子鬆餅
作者：Yukari Nomura
定價：280元
21×26cm · 96頁 · 彩色

烘焙良品22
好想吃一口的
幸福果物甜點
作者：福田淳子
定價：350元
19×26cm · 112頁 · 彩色＋單色

烘焙良品23
瘋狂愛上！有幸福味の
百變司康&比司吉
作者：藤田千秋
定價：280元
19×26 cm · 96頁 · 全彩

烘焙良品 25
Always yummy！
來學當令食材作的人氣甜點
作者：磯谷 仁美
定價：280元
19×26 cm · 104頁 · 全彩

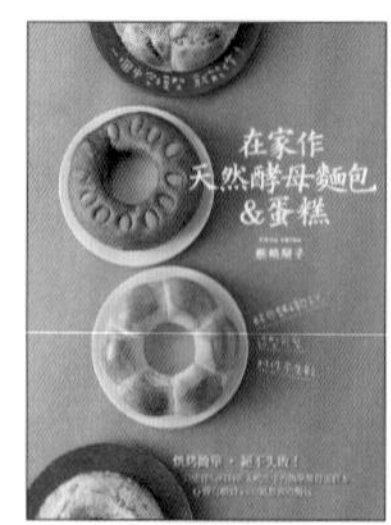

烘焙良品 26
一個中空模型就能作！
在家作天然酵母麵包&蛋糕
作者：熊崎 朋子
定價：280元
19×26cm · 96頁 · 彩色

烘焙良品 27
用好油，在家自己作點心：
天天吃無負擔·簡單作又好吃
作者：オズボーン未奈子
定價：320元
19×26cm · 96頁 · 彩色

烘焙良品 28
愛上麵包機：按一按，超好
作の45款土司美味出爐！
使用生種酵母&速發酵母配方都OK!
作者：桑原奈津子
定價：280元
19×26cm · 96頁 · 彩色

烘焙良品 29
Q軟喔！自己輕鬆「養」玄米
酵母 作好吃の30款麵包
養酵母3步驟，新手零失敗！
作者：小西香奈
定價：280元
19×26cm · 96頁 · 彩色

烘焙良品 30
從養水果酵母開始，
一次學會究極版老麵×法式
甜點麵包30款
作者：太田幸子
定價：280元
19×26cm · 88頁 · 彩色

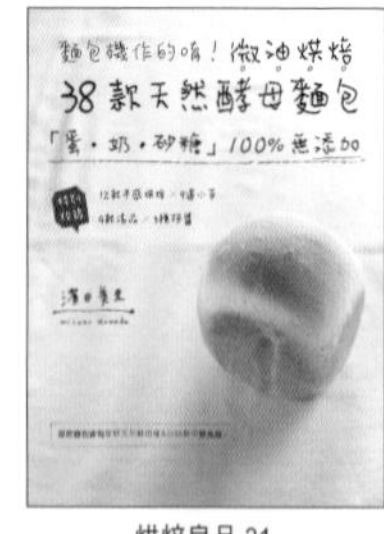

烘焙良品 31
麵包機作的唷！
微油烘焙38款天然酵母麵包
作者：濱田美里
定價：280元
19×26cm · 96頁 · 彩色

烘焙良品 32
在家輕鬆作，
好食味養生甜點&蛋糕
作者：上原まり子
定價：280元
19×26cm · 80頁 · 彩色

烘焙良品 33
和風新食感·
超人氣白色馬卡龍：
40種和菓子內餡的精緻甜點筆記！
作者：向谷地馨
定價：280元
17×24cm · 80頁 · 彩色

烘焙良品 34
48道麵包機食譜特集！
好吃不發胖の低卡麵包PART.3
作者：茨木くみ子
定價：280元
19×26cm · 80頁 · 彩色

烘焙良品 35
最詳細の烘焙筆記書I
從零開始學餅乾&奶油麵包
作者：稲田多佳子
定價：350元
19×26cm · 136頁 · 彩色

烘焙良品 36
彩繪糖霜手工餅乾
內附156種手繪圖例
作者：星野彰子
定價：280元
17×24cm · 96頁 · 彩色

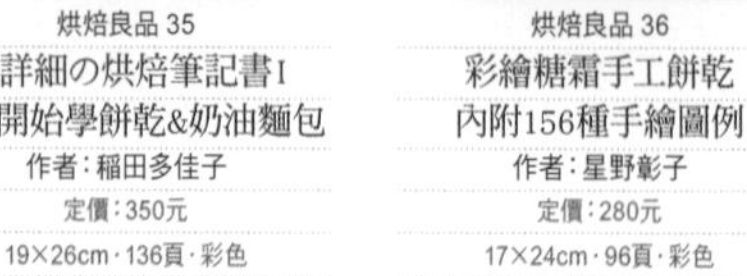

烘焙良品37
東京人氣名店
VIRONの私房食譜大公開
自家烘焙5星級法國麵包！
作者：牛尾 則明
定價：320元
19×26cm · 96頁 · 彩色

烘焙良品38
最詳細の烘焙筆記書II
從零開始學起司蛋糕&瑞士卷
作者：稲田多佳子
定價：350元
19×26cm · 136頁 · 彩色

烘焙良品39
最詳細の烘焙筆記書III
從零開始學戚風蛋糕&巧克力蛋糕
作者：稲田多佳子
定價：350元
19×26cm · 136頁 · 彩色